普通高等学校"十四五"规划计算机类专业特色教材

JavaScript 项目开发实训

刘雄华 **主 编**

陈立佳 李双双 姜庆玲 **副主编**

华中科技大学出版社

中国·武汉

内容提要

本书主要介绍了 JavaScript 的基础理论，以及 JavaScript 在项目中的应用实例。按照理论与应用相结合的原则，由浅入深，全面讲解了 JavaScript-DOM、JavaScript-BOM、前端项目实例等内容，具体包括 DOM 节点层次、节点操作、事件、BOM、飞机大战前端项目、航空管理系统前端项目等。

为了方便读者的学习，我们在书中提供了完整的项目源代码。建议读者在学习本书时，对书中的项目实例进行动手实践。

图书在版编目（CIP）数据

JavaScript 项目开发实训/刘雄华主编. 一武汉：华中科技大学出版社，2022.3
ISBN 978-7-5680-8051-4
Ⅰ.①J… Ⅱ.①刘… Ⅲ.①JAVA 语言－程序设计－教材 Ⅳ.①TP312.8

中国版本图书馆 CIP 数据核字(2022)第 032618 号

JavaScript 项目开发实训   刘雄华　主编
JavaScript Xiangmu Kaifa Shixun

策划编辑：范　莹
责任编辑：余　涛
美术编辑：原色设计
责任监印：周治超
出版发行：华中科技大学出版社(中国·武汉)　　　　电　　话：(027)81321913
　　　　　武汉市东湖新技术开发区华工科技园　　　　邮　　编：430223
录　　排：华中科技大学惠友文印中心
印　　刷：武汉开心印印刷有限公司
开　　本：787mm×1092mm　1/16
印　　张：14.5
字　　数：284 千字
版　　次：2022 年 3 月第 1 版第 1 次印刷
定　　价：42.00 元

前　　言

JavaScript 目前是世界上最流行的脚本编程语言之一，广泛用于 Web 应用开发，让网页呈现各式各样的动态效果，致力于增强网站和 Web 应用程序之间的交互性。

本书有关 JavaScript 的基础理论及 JavaScript 在项目中的应用实例，具体包含了以下内容。

第 1 章：DOM 节点层次。本章主要对节点对象及 DOM 中常用对象的属性和方法进行总结概括。

第 2 章：节点操作。本章主要对有关节点的相关操作进行分析与概括，相关操作包括选择器、遍历、CSS 以及节点属性和文本操作等，并给出了具体实例分析。

第 3 章：事件。本章对事件部分的事件流、事件处理程序、事件对象、常见事件以及内存与性能优化进行了详细分析与概括。

第 4 章：BOM。本章主要对浏览器的相关知识点进行讲解，主要包括 window 对象、location 对象、navigator 对象、screen 对象及 history 对象。

第 5 章：飞机大战前端项目开发。本章主要介绍飞机大战游戏前端开发的思路和重难点功能，该游戏是利用原生 JavaScript 知识的一款基于网页的飞行射击类游戏，帮助读者理解和掌握原生 JavaScript 的应用技巧。

第 6 章：航空管理系统前端项目开发。本项目是一个简易的航空公司订票系统，使用 jQuery 框架实现登录、用户菜单、管理员菜单、查询航班、航班动态、航班计划管理、机票售出详情、用户管理、添加/编辑用户等主要功能，以帮助读者理解和掌握 jQuery 框架的使用方式和场合。

本书由武汉工商学院计算机与自动化学院 JavaScript 教研团队组织编写，参与编写的有刘雄华、李双双、姜庆玲、陈立佳等老师。由于时间仓促，书中不足或疏漏之处在所难免，殷切希望广大读者批评指正！

建议读者在学习本书时，对书中的项目实例多动手实践，这样才能加深对所学知识和项目中代码的理解。为了方便您学习，我们将书中项目的源代码（包括所有材料）上传到 http://www.20-80.cn/JS_book_A/file，您可以自行下载查看。

编　者

2022 年 2 月

目 录

第 1 章 DOM 节点层次

学习目标：

- Node 对象
- Attr 对象
- CharacterData 对象
- Document 对象

Document Object Model (DOM)是用于访问和操作文档的 API。在这个规范中，"文档"用于任何基于标记的资源，可以从简短的静态文档到包含丰富多媒体的长篇论文或报告，以及完全成熟的交互式应用程序。

DOM 文档表示一个节点树。树中的一些节点可以有子节点，而其他节点可以是叶子节点。

例如，创建一个简单的节点树，代码如下：

```
<!DOCTYPE html>
<html>
  <head>
    <title>DOM</title>
  </head>
  <body>
    <h1>DOM Tree</h1>
    <p><a href="http://2080.zj-xx.cn/">链接</a></p>
  </body>
</html>
```

节点树实例图如图 1-1 所示。

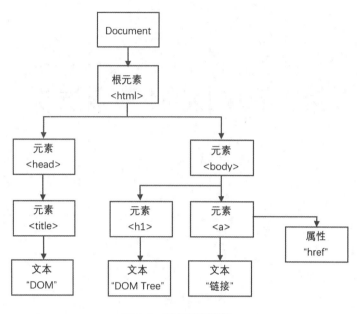

图 1-1　节点树实例图

1.1　Node 对象

DOM 树结构主要是依靠节点进行解析，称为 DOM 节点树结构。Node 对象是解析 DOM 节点树结构的主要入口。Node 对象又称为节点对象，继承于 EventTarget（EventTarget 是一个用于接收事件的对象）对象的，是许多 DOM API 对象的一个关键基类，使用这些对象的方法有些类似，并且通常可以互换使用。在继承节点特性的接口中，Node 对象主要包括文档对象和元素对象，如表 1-1 所示。

表 1-1　Node 的 12 种节点类型

节点类型常量	节点类型常量	数值表示
元素节点	Node.ELEMENT_NODE	1
属性节点 Attr	Node.ATTRIBUTE_NODE	2
文本节点 Text	Node.TEXT_NODE	3
CDATA 节点	Node.CDATA_SECTION_NODE	4
实体引用节点	Node.ENTITY_REFERENCE_NODE	5
实体节点	Node.ENTITY_NODE	6
处理指令节点	Node.PROCESSING_INSTRUCTION_NODE	7

续表

节点类型常量	节点类型常量	数值表示
注释节点 Comment	Node.COMMENT_NODE	8
文档节点 Document	Node.DOCUMENT_NODE	9
文档类型 DocumentType	Node.DOCUMENT_TYPE_NODE	10
文档片断 DocumentFragment	Node.DOCUMENT_FRAGMENT_NODE	11
符号节点	Node.NOTATION_NODE	12

1. 属性

Node 对象的属性如表 1-2 所示。

表 1-2　Node 对象的属性

属性名	描述
baseURI	返回节点的绝对基准 URI
baseURIObject	返回基于 URI 元素的对象
childNodes	返回节点到子节点的节点列表
currentNode	返回当前节点
firstchild	返回节点的第一个子节点
isConnected	返回节点是否连接到上下文对象的布尔值
lastchild	返回节点的最后一个子节点
length	返回节点列表的长度
localName	返回被选元素的元素名称
namespaceURI	返回节点的命名空间 URI
nextSibling	返回当前节点之后的同级节点
nodeName	返回节点的名称
nodeType	返回节点的类型
nodeValue	返回或设置节点的值
ownerDocument	返回节点的根元素
parentNode	返回节点的父节点
parentElement	返回节点的父元素
prefix	设置或返回节点的命名空间前缀
previousSibling	返回当前节点之前的同级节点
textContent	返回或设置节点的文本内容
text	返回节点及其后代的文本
xml	返回节点及其后代的 XML

2. 方法

Node 对象的方法如表 1-3 所示。

表 1-3　Node 对象的方法

方法名	描述
appendChild()	向节点列表末尾添加子节点
cloneNode()	复制节点
compareDocumentPosition()	比较两个节点的文档位置
contains()	返回一个布尔值，该值表示节点是否为调用节点的后代节点
getFeature()	返回一个 DOM 对象，此对象可执行带有指定特性和版本的专门的 API
getRootNode()	返回根节点
getUserData()	返回给定节点上的用户 DOMUserData 集
hasAttributes()	判断节点是否有属性
hasChildNodes()	判断当前节点是否有子节点
insertBefore()	在指定的子节点前插入新的节点
isDefaultNamespace()	返回指定的命名空间 URI 是否是默认的
isEqualNode()	判断两个节点是否相等
isSameNode()	判断两个节点是否相同
isSupported()	判断当前节点是否支持某个特性
lookupNamespaceURI()	返回匹配的指定前缀的命名空间 URI
normalize()	清除此元素下的所有文本节点
removeChild()	删除当前节点的指定子节点
replaceChild()	用新节点替换一个子节点
replaceWith()	用一组节点或对象替换其子列表中的子节点
setUserData()	该方法允许用户向元素附加或删除数据，而不需要修改 DOM

3. 子对象 ChildNode

ChildNode 对象的方法如表 1-4 所示。

表 1-4　Node 子对象 ChildNode 的方法

方法名	描述
remove()	从父节点的子节点列表中删除子节点
before()	在子节点之前插入一组 Node 或对象
after()	在子节点之后插入一组 Node 或对象
replaceWith()	用一组节点或对象替换子节点

1.2　Attr 对象

在 HTML DOM 中，Attr 对象表示 HTML 属性。HTML 属性始终属于 HTML 元素。

1. 属性

Attr 对象的属性如表 1-5 所示。

表 1-5　Attr 对象的属性

属性名	描述
baseURI	返回属性的绝对基准 URI
isId	判断属性是否为 id 类型
localName	返回属性名称的本地部分
name	返回属性的名称
namespaceURI	返回属性的命名空间 URI
nodeName	返回节点的名称
nodeType	返回节点的类型
nodeValue	返回或设置节点的值
ownerDocument	返回属性所属的根元素
ownerElement	返回属性所附属的元素节点
prefix	返回或设置属性的命名空间前缀
schemaTypeInfo	返回与属性相关的类型信息
specified	若其属性值被设置在文档中，则返回 true；若其默认值被设置在 DTD/Schema 中，则返回 false
text	返回属性的文本
textContent	返回或设置属性的文本内容
value	返回或设置属性的值
xml	返回属性的 XML

2. 方法

Attr 对象的方法如表 1-6 所示。

表 1-6　Attr 对象的方法

方法名	描述
getNamedItem()	从节点列表中返回指定的属性节点
item()	返回节点列表中为指定索引号的节点
removeNamedItem()	删除指定的属性节点
setNamedItem()	设置指定名称的属性节点

1.3　CharacterData 对象

CharacterData 对象表示包含字符的节点对象，是一个抽象接口，由其他非抽象接口实现，如 Text、Comment 或 ProcessingInstruction 等接口。

1. 属性

CharacterData 对象的属性如表 1-7 所示。

表 1-7　CharacterData 对象的属性

属性名	描述
data	返回该节点包含的文本
length	返回该节点包含字符的长度

2. Comment 对象

Comment 对象表示标记中的文本符号，通常不会直接显示，可以在 source 视图中读取这些注释。

Comment 对象的属性如表 1-8 所示。

表 1-8　Comment 对象的属性

属性名	描述
data	返回或设置节点的文本
length	返回节点文本的长度

Comment 对象的方法如表 1-9 所示。

表 1-9　Comment 对象的方法

方法名	描述
appendData()	向节点添加数据
deleteData()	删除节点数据
insertData()	向节点中插入数据
replaceData()	替换节点中的数据
substringData()	从节点中提取数据

3. 方法

CharacterData 对象的方法如表 1-10 所示。

表 1-10　CharacterData 对象的方法

方法名	描述
appendData()	将指定的字符串添加到节点上
deleteData()	删除该节点指定的字符串
insertData()	在指定的位置插入指定的字符串
replaceData()	用指定的字符串替换指定位置的指定字符串
substringData()	返回从指定位置开始的指定长度的字符串

4. Text 对象

Text 对象表示元素或 Attr 的文本内容。若元素的内容中没有标记，则有包含元素文本的子元素。若元素的内容中包含标记，则将其解析为信息项和文本节点，从而形成其子元素。

Text 对象的属性如表 1-11 所示。

表 1-11　Text 对象的属性

属性名	描述
data	返回或设置元素或属性的文本
isElementContentWhitespace	判断文本节点中是否包含空字符
length	返回元素或属性的文本长度
Slotable.assignedSlot	返回一个 HTMLSlotElement，表示插入节点的<插槽>
wholeText	按文档中的顺序返回与此节点相邻的所有文本节点的文本

Text 对象的方法如表 1-12 所示。

表 1-12　Text 对象的方法

方法名	描述
appendData()	向节点添加数据
deleteData()	删除节点数据
insertDate()	向节点中插入数据
replaceData()	替换节点数据
replaceWholeText()	用指定的文本替换当前节点以及所有相邻节点的文本
splitText()	将一个节点拆分为两个节点
substringData()	从节点中提取数据

子接口 CDATASection 是 Text 接口的子接口，没有定义任何自己的属性和方法。

1.4 Document 对象

Document 对象表示浏览器中加载的 Web 页面，并作为 Web 页面内容(DOM 树)的入口点。DOM 树包括<body>、<table>等元素，为文档提供了全局的功能，例如，如何获取页面的 URL 以及在文档中创建新元素，文档接口描述任何类型文档的通用属性和方法。

1. 属性

Document 对象的属性如表 1-13 所示。

表 1-13 Document 对象的属性

属性名	描述
activeElement	返回当前获取焦点的元素
alinkColor	返回文档中链接被单击时的颜色
anchors	返回文档中所有 Anchor 对象的引用
applets	返回文档中所有<applet>元素的集合
baseURI	返回文档的绝对基础 URI
body	返回文档的 body 元素
characterSet	返回文档中使用的字符集
compatMode	判断文档是以异常模式还是严格模式呈现
contentType	返回当前文档 MIME 头部的内容类型
cookie	设置或返回与当前文档有关的所有 cookie
defaultView	表示默认视图
designMode	设置整个文档是否可编辑
dir	设置或返回元素的文字方向
doctype	返回与文档相关的文档类型声明
documentElement	返回文档的直接子元素
documentMode	返回浏览器渲染文档的模式
documentURI	以字符串形式返回文档位置
domain	返回当前文档的域名
domConfig	返回 normalizeDocument()被调用时所使用的配置
embeds	返回文档中所有<embed>元素的列表
fgColor	返回文档中文本的颜色
fonts	返回当前文档的 FontFaceSet 接口
forms	返回文档中所有对 Form 对象的引用
head	返回当前文档的<head>元素
hidden	判断页面是否是隐藏的

属性名	描述
Images	返回文档中所有 Image 对象引用
implementation	返回处理该文档的 DOMImplementation 对象
inputEncoding	返回用于文档的编码方式
lastModified	返回文档最后修改的日期和时间
lastStyleSheetSet	返回上次启用的样式表集的名称
linkColor	返回文档中未访问链接的颜色
links	返回对文档中所有 Area 和 Link 对象的引用
location	返回一个 Location 对象
mozSyntheticDocument	返回一个布尔值，表示文档是否为合成文档
plugins	返回一个 HTMLCollection 对象，该对象包含一个或多个 HTMLEmbedElements，表示当前文档中的<embed>元素
preferredStyleSheetSet	返回页面中指定的首选样式表集
readyState	返回文件的加载状态
referrer	返回链接到此页面的 URI
scripts	返回页面中所有脚本的集合
scrollingElement	返回滚动文档的 Element 对象的引用
selectedStyleSheetSet	返回当前正在使用的样式表集
styleSheetSets	返回文档中可用的样式表集的列表
strictErrorChecking	设置或返回是否强制进行错误检查
timeline	返回 timeline 作为 DocumentTimeline 的特殊实例，该实例在页面加载时自动创建
title	返回当前文档的标题
URL	以字符串形式返回文档位置
visibilityState	返回表示文档可见性状态的字符串
vlinkColor	返回文档中已访问链接的颜色

2. 方法

Document 对象的方法如表 1-14 所示。

表 1-14　Document 对象的方法

方法名	描述
addEventListener()	向文档添加事件
adoptNode()	从外部文档中获取节点

续表

方法名	描述
caretRangeFromPoint()	获取指定坐标下文档片段的 Range 对象
close()	关闭用 document.open()方法打开的输出流
cookie()	设置或返回与当前文档有关的所有 cookie
createAttribute()	创建一个属性节点
createAttributeNS()	在给定名称空间中创建新的属性节点并返回该节点
createCDataSection()	创建一个新的 CDATA 节点并返回
createComment()	创建注释节点
createDocumentFragment()	创建空的 DocumentFragment 对象，并返回此对象
createElement()	创建元素节点
createElementNS()	使用给定的标签名称和命名空间 URI 创建一个新元素
createEvent()	创建一个事件对象
createExpression()	编译一个 XPathExpression，用于计算
createNodeIterator()	创建一个 NodeIterator 对象
createNSResolver()	创建一个 XPathNSResolver 对象
createProcessingInstruction()	创建一个新的 ProcessingInstruction 对象
createRange()	创建一个 Range 对象
createTextNode()	创建文本节点
createTouch()	创建一个 Touch 对象
createTouchList()	创建一个 TouchList 对象
createTreeWalker()	创建 TreeWalker 对象
enableStyleSheetsForSet()	启用指定样式表集的样式表
evaluate()	计算 XPath 表达式
execCommand()	对可编辑的文档执行格式化命令
exitPointerLock()	释放指针锁
getElementsByClassName()	返回文档中所有指定类名的元素集合
getElementById()	返回对指定 id 对象的引用
getElementsByName()	返回指定名称的对象集合
getElementsByTagName()	返回指定标签名的对象集合
getElementsByTagNameNS()	返回具有给定标记名称和名称空间的元素列表
hasFocus()	如果焦点当前位于指定文档中的任何位置，则返回 true
hasStorageAccess()	返回一个 Promise 来判断该文档是否已经访问过第一方储存
importNode()	把一个节点从另一个文档复制到该文档
mozSetImageElement()	更改作为指定元素 ID 的背景图像的元素

续表

方法名	描述
normalize()	合并相邻的文本节点并删除空的文本节点
normalizeDocument()	移除空文本节点，并合并相邻节点
open()	打开用于写入的文档流
queryCommandEnabled()	如果格式化命令可以在当前范围内执行，则返回 true
queryCommandState()	当前选择是否应用了某个 Document.execCommand()命令
queryCommandSupported()	如果在当前范围上支持格式化命令，则返回 true
querySelector()	返回文档中匹配指定 CSS 选择器的第一元素
querySelectorAll()	返回文档中匹配 CSS 选择器的所有元素节点列表
releaseCapture()	如果当前鼠标捕获位于此文档中的某个元素，则释放它
removeEventListener()	移除文档中的事件句柄(由 addEventListener() 方法添加)
renameNode()	重命名元素或者属性节点
requestStorageAccess()	返回 Promise 来判断该文档是否有访问第一方储存的权限
write()	向文档写 HTML 表达式 或 JavaScript 代码
writeln()	等同于 write() 方法，不同的是在每个表达式之后写一个换行符

3. 子对象 HTMLDocument

HTMLDocument 是 DOM 的一个抽象接口，它提供了 XML 文档里没有出现的特殊属性和方法。HTMLDocument 对象继承了 Document 接口和 HTMLDocument 接口，因此它有比 Document 更多的属性。

4. 子对象 XMLDocument

1) 属性

async：用于表示异步请求。

2) 方法

load()：加载 XML 文档。

DOM 中还有很多其他对象，具体可查阅相关电子资源。

【附件一】

为了方便您的学习，我们将该章节中的相关附件上传到所示的二维码，您可以自行扫码查看。

第 2 章　节点操作

学习目标：

- 选择器
- 遍历
- 元素及表格节点操作
- 节点文本操作
- CSS 样式
- 动态加载脚本

本章重点讲解节点操作的相关内容，包括选择器、遍历、节点属性、节点文本操作、CSS 以及动态加载脚本，并用实例具体分析。

2.1　选择器

选择器能够使浏览器支持 CSS 查询，通过写一个基础的 CSS 解析器，利用 DOM 方法来查询文档并找到相应的匹配节点，进而实现选择器的功能。

2.1.1　顶层元素选择器

HTML 文档中最顶层的元素可以直接用作文档属性。例如，使用 document.documentElement 属性访问<html>元素；使用 document.head 属性访问<head>元素；使用 document.body 属性访问<body>元素。但是，如果 document.body 用于<body>标签之前（在<head>内部），则将返回 null 而不是 body 元素。返回值为 null 的原因是执行脚本的时间顺序，<body>标签没有被浏览器解析，因此 document.body 实际的值为 null。

2.1.2　id 选择器

getElementById()方法可返回指定 id 的第一个对象的引用。

【语法】

```
document.getElementById("id");
```

在上述语法中，id 为要获取元素的 id 属性的值。

例如，id 选择器的简单使用，代码如下：

```
var div=document.getElementById("myDiv");
```

2.1.3　class 选择器

getElementsByClassName() 方法用于返回文档中所有指定类名的元素集合，作为 NodeList 对象。

【语法 1】

```
document.getElementsByClassName("className");
//className 为获取元素的 CSS 类名称
```

【语法 2】

```
document.getElementsByClassName("class1 ,class2…,classN");
//class1, class2, ...,classN 为获取多个类名称。
```

通过该方法可以获得 class1, class2，…, classN 类的元素，document 可以换为 DOM 元素，但只能获取该 DOM 元素后的子集元素。

相关示例如下：

```
document.getElementsByClassName("selected")[0];
```

2.1.4　tagName 选择器

getElementsByTagName() 方法返回指定标签名的对象集合。

【语法】

```
document.getElementsByTagName("tagName");
```

在上述语法中，tagName 为要获取的元素标签名称，当 tagName 取*时，表示获取的是所有元素；document 可以换为具体的 DOM 元素，但是此时只能获取该 DOM 元素后的子集元素。

例如，使用 getElementsByTagName() 方法实现 tagName 选择器，代码如下：

```
var head=document.getElementsByTagName("head")[0];
```

2.1.5 name 选择器

getElementsByName() 方法返回指定名称的对象集合。

【语法】

```
document.getElementsByName("name");
```

name 为要获取元素的名称，该方法适用于表单数据的提交，当元素为 form、img、embed、object、applet、iframe 时，设置 name 属性时会在 Document 对象中创建以该 name 属性值命名的属性，因此可以通过 document.domName 引用相应的 DOM 对象。

相关示例如下：

```
<input name="username">
let dom=document.getElementsByName('username')[0];
```

2.1.6 CSS 选择器

1. 高级选择器

1）querySelector()

querySelector() 方法返回文档中匹配指定的 CSS 选择器的第一个元素。

用法：document.querySelector("CSS selectors");

CSS selectors 为 CSS 选择器的名称。

2）querySelectorAll()

querySelectorAll() 方法返回文档中匹配指定 CSS 选择器的所有元素，返回 NodeList 对象。

用法：document.querySelectorAll("CSS selectors");

CSS selectors 为 CSS 选择器的名称。

3）示例

```
<!-- 为文档的<h2>和<h3>元素添加背景颜色: -->
    <h2>A h2 实例</h2>
    <h3>A h3 实例</h3>
    <script>
        document.querySelector("h2, h3").style.backgroundColor="green";
        //设置所有<p>元素的背景颜色
        var x=document.querySelectorAll("p");
        var i;
        for (i=0; i<x.length; i++) {
            x[i].style.backgroundColor="green";
        }
    </script>
```

2. 关系选择器

HTML 树中除了有父子关系、兄弟关系，还有后代关系。通过关系选择器，可以根据需要对节点元素进行选择。HTML 树中元素之间的选择包括父元素选子元素、子元素选父元素、选择第一个子元素、选择最后一个子元素、选择上一个兄弟元素以及选择下一个兄弟元素。HTML 树中节点之间的选择包括父节点选子节点、选择上一个兄弟节点、选择下一个兄弟节点、选择第一个节点以及选择最后一个节点。HTML 树的示例代码如下：

```
<body>
    <div id="test0">实例文本 0</div>
    <div class="test1">
        <div class="test2">
            <h3>选择器示例文本 1</h3>
        </div>
        <h3>选择器示例文本 2</h3>
    </div>
</body>
```

1）父元素选子元素

父元素选子元素的示例如下：

```
<script>
        var s1=document.querySelector(".test1");
        console.log(s1.children);
        console.log(s1.children[0].innerHTML);
</script>
```

上述代码的运行效果如图 2-1 所示。

```
▼HTMLCollection(2) ⓘ
 ▶0: div.test2
 ▶1: h3
   length: 2
 ▶__proto__: HTMLCollection
```

`<h3>选择器示例文本1</h3>`

图 2-1　父元素选子元素示例效果图

2）子元素选父元素

子元素选父元素的示例如下：

```
var s2=document.querySelector(".test2");
console.log(s2.parentNode);
```

上述代码的运行效果如图 2-2 所示。

```
▼<div class="test1">
 ▼<div class="test2">
    <h3>选择器示例文本1</h3>
  </div>
  <h3>选择器示例文本2</h3>
</div>
```

图 2-2　子元素选父元素示例效果图

3）选择第一个子元素

选择第一个子元素的示例如下：

```
var s1=document.querySelector(".test1");
console.log(s1.firstElementChild);
```

上述代码的运行效果如图 2-3 所示。

```
▼<div class="test2">
   <h3>选择器示例文本1</h3>
 </div>
```

图 2-3　选择第一个子元素示例效果图

4）选择最后一个子元素

选择最后一个子元素的示例如下：

```
var s1=document.querySelector(".test1");
console.log(s1.lastElementChild);
```

上述代码的运行效果如图 2-4 所示。

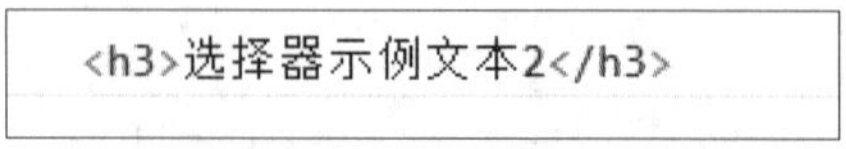

<h3>选择器示例文本2</h3>

图 2-4　选择最后一个子元素示例效果图

5）选择上一个兄弟元素

选择上一个兄弟元素的示例如下：

```
var s1=document.querySelector(".test1");
console.log(s1.previousElementSibling);
```

上述代码的运行效果如图 2-5 所示。

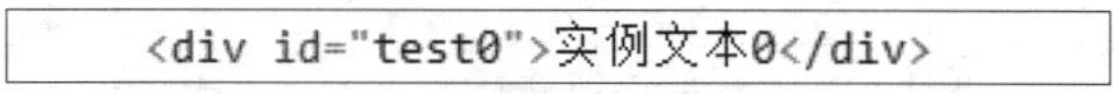

<div id="test0">实例文本0</div>

图 2-5　选择上一个兄弟元素示例效果图

6）选择下一个兄弟元素

选择下一个兄弟元素的示例如下：

```
var s1=document.querySelector("#test0");
console.log(s1.nextElementSibling);
```

上述代码的运行效果如图 2-6 所示。

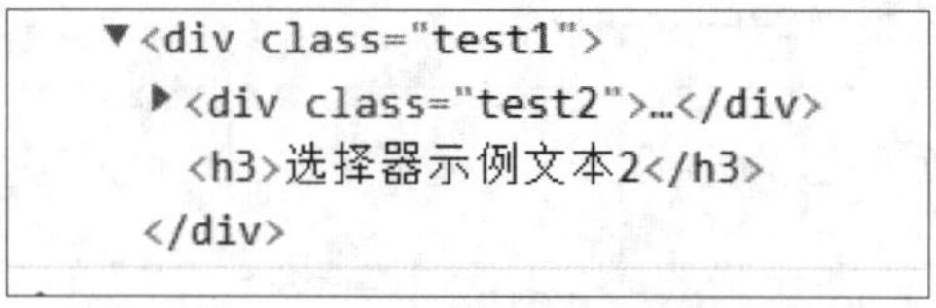

```
▼<div class="test1">
  ▶<div class="test2">…</div>
    <h3>选择器示例文本2</h3>
  </div>
```

图 2-6　选择下一个兄弟元素示例效果图

7）父节点选子节点

父节点选子节点的示例如下：

```
var s1=document.querySelector(".test1");
console.log(s1.childNodes);
```

上述代码的运行效果如图 2-7 所示。

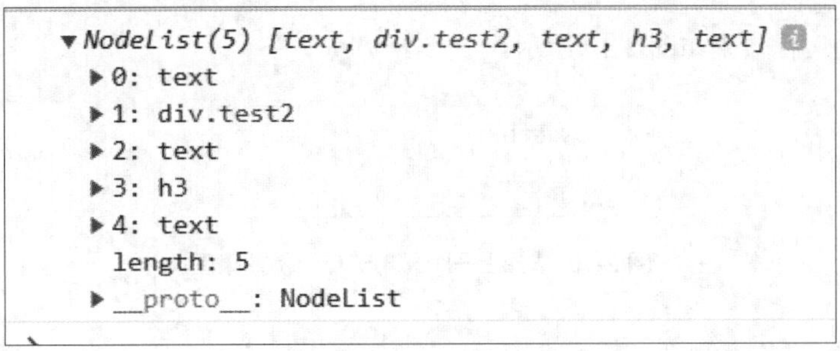

```
▼NodeList(5) [text, div.test2, text, h3, text] ℹ
  ▶ 0: text
  ▶ 1: div.test2
  ▶ 2: text
  ▶ 3: h3
  ▶ 4: text
    length: 5
  ▶ __proto__: NodeList
```

图 2-7 父节点选子节点示例效果图

8）选择第一个子节点

选择第一个子节点的示例如下：

```
var s1=document.querySelector(".test1");
console.log(s1.firstChild);
```

上述代码的运行效果如图 2-8 所示。

▶ #text

图 2-8 选择第一个子节点示例效果图

9）选择最后一个子节点

选择最后一个子节点的示例如下：

```
var s1=document.querySelector(".test1");
console.log(s1.lastChild);
```

上述代码的运行效果如图 2-9 所示。

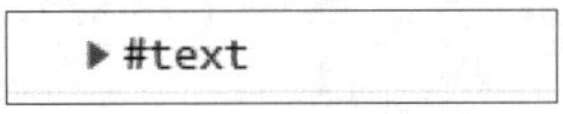

▶ #text

图 2-9 选择最后一个子节点示例效果图

10）选择上一个兄弟节点

选择上一个兄弟节点的示例如下：

```
var s1=document.querySelector(".test1");
console.log(s1.previousSibling);
console.log(s1.previousSibling.nodeName);
```

上述代码的运行效果如图 2-10 所示。

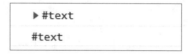

图 2-10 选择上一个兄弟节点示例效果图

11）选择下一个兄弟节点

选择下一个兄弟节点的示例如下：

```
var s1=document.querySelector(".test1");
console.log(s1.nextSibling);
console.log(s1.nextSibling.nodeName);
```

上述代码的运行效果如图 2-11 所示。

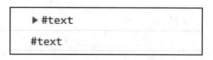

图 2-11 选择下一个兄弟节点示例效果图

2.2 遍历

一般在遍历 DOM 节点时，常用到节点的 childNodes、 firstChild、lastChild、nodeType、nodeName、nodeValue 等属性。元素遍历 API 为 DOM 元素新添加了 childElementCount、firstElementChild、lastElementChild、previousElementSibling、nextElementSibling 属性。本节将基于深度优先遍历（DFS）和广度优先遍历（BFS）对 DOM 节点进行遍历操作。

遍历以给定的节点为根，不能向上超出 DOM 树的根节点，DOM 树的结构如图 2-12 所示。

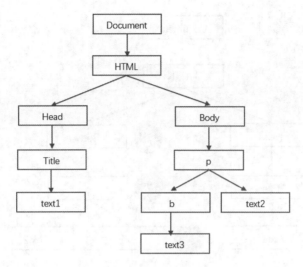

图 2-12　DOM 树示例图

2.2.1　深度优先遍历

深度优先遍历指的是遍历完父节点的所有子节点以及子节点的子节点，然后再遍历其兄弟节点。采用 NodeIterator 和 TreeWalker 两种类型辅助完成 DOM 树节点的深度优先遍历（DFS）。假设以图 2-12 所示的 DOM 树中 Document 为根节点进行深度优先遍历，遍历的顺序如图 2-13 所示。以<body>元素为深度优先遍历根节点，遍历的顺序如图 2-14 所示。

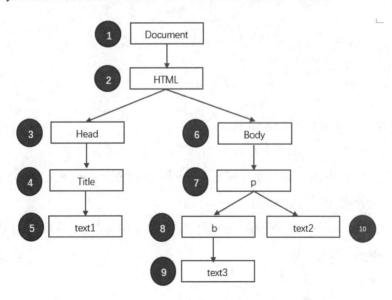

图 2-13　Document 为根节点深度优先遍历示例图

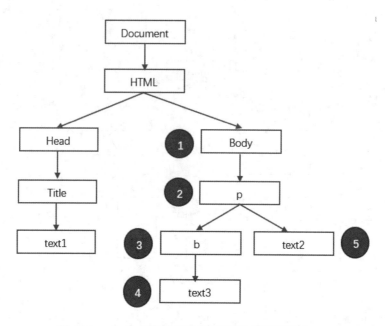

图 2-14　<body>元素为根节点深度优先遍历示例图

1. NodeIterator

NodeIterator 接口表示 DOM 子树中节点列表成员的迭代器。节点将按照文档顺序返回。

NodeIterator 可以使用 document.createNodeIterator() 方法创建。

【语法】

```
var nodeIterator=document.createNodeIterator(root,whatToShow,
filter,entityReferenceExpansion);
```

参数：

root：代表作为搜索起点的 DOM 树中的节点；

whatToShow：代表需要访问节点的数字代码；

filter：代表一个 NodeFilter 对象，或者一个表示应该接受还是拒绝某种特定节点的函数。为可选参数，未指定时值默认为 null。

entityReferanceExpansion：布尔值，表示是否扩展实体应用。这个参数在 HTML 中没有用，因为其中的实体引用不能扩展。

1）NodeIterator 接口的属性

NodeIterator 接口的属性如表 2-1 所示。

表 2-1　NodeIterator 接口的属性

属性名	描述
root	表示创建 NodeIterator 时指定的根节点
whatToShow	返回一个无符号长整型，由描述必须呈现的 Node 类型的常量所构成的位掩码
filter	返回一个用于选择相关节点的 NodeFilter
expandEntityReferences	是一个布尔值，表示在丢弃一个 EntityReference 时，是否必须同时丢弃它的整个子树
referenceNode	返回当前遍历到的 Node
pointerBeforeReferences	返回一个布尔值，若 NodeIterator 是锚定在锚节点之前，则值为真；若锚定在锚节点之后，则值为假

2）NodeIterator 接口的方法

NodeIterator 接口的方法如表 2-2 所示。

表 2-2　NodeIterator 接口的方法

方法名	描述
detach()	是一个无操作的方法，保留该方法只是为了向后兼容
previousNode()	返回前一个 Node，如果不存在则返回 null
nextNode()	返回下一个 Node，如果不存在则返回 null

3）示例

HTML 代码：

```
<body>
    <div id="root">
        <p>hello world!</p>
        <div>
            <ul>
                <li>
                    <p>html</p>
                </li>
                <li>
                    <p>css</p>
                </li>
                <li>
                    <p>JavaScript</p>
                </li>
            </ul>
        </div>
    </div>
</body>
```

JS 代码：

```
<script>
    var iterator=document.createNodeIterator(root, NodeFilter.SHOW_ELEMENT,
null, false);
    var node=iterator.nextNode();
    while (node!==null) {
        console.log(node.tagName);
        node=iterator.nextNode();
    }
</script>
```

上述示例运行结果如图 2-15 所示。

图 2-15　NodeIterator 示例效果图

2. TreeWalker

TreeWalker 对象用于表示文档子树中的节点和它们的位置，可以使用 document.createTreeWalker()方法创建。

【语法】

```
document.createTreeWalker(root, whatToShow, filter, expandEntityReferences)
```

参数：

root：代表作为搜索起点的 DOM 树中的节点；

whatToShow：代表需要访问节点的数字代码；

filter：代表一个 NodeFilter 对象，或者一个表示应该接受还是拒绝某种特定节点的函数。为可选参数，未指定时值默认为 null。

expandEntityReferences：布尔值，表示是否扩展实体应用。这个参数在 HTML 中没有用，因为其中的实体引用不能扩展。

1）TreeWalker 接口的属性

TreeWalker 接口的属性如表 2-3 所示。

表 2-3　TreeWalker 接口的属性

属性名	描述
root	返回一个 Node，表示创建 TreeWalker 时声明的根节点
whatToShow	返回一个 unsigned long 类型的常量位掩码，表示 Node 类型
filter	返回用于选择相关节点的 NodeFilter
expandEntityReferences	是一个布尔值，表示在丢弃一个 EntityReference 时，是否必须同时丢弃整个子树
currentNode	表示 TreeWalker 当前指向的节点

2）TreeWalker 接口的方法

TreeWalker 接口的方法如表 2-4 所示。

表 2-4　TreeWalker 接口的方法

方法名	描述
parentNode()	将当前节点移动到文档中第一个祖先节点，并返回找到的节点
firstChild()	当前节点移动到当前节点的第一个子节点，并返回找到的子节点
lastChild()	将当前节点移动到当前节点的最后一个子节点，并返回找到的子节点
previousSibling()	将当前节点移动到前一个同级节点，并返回找到的同级节点
nextSibling()	将当前节点移动到下一个同级节点，并返回找到的同级节点
previousNode()	将当前节点移动到文档中前一个节点，并返回找到的节点
nextNode()	将当前节点移动到文档中下一个节点，并返回找到的节点

3）示例

HTML 代码：

```
<body>
    <div id="root">
        <p>hello world!</p>
        <div>
            <ul>
                <li>
                    <p>html</p>
                </li>
                <li>
                    <p>css</p>
                </li>
                <li>
                    <p>JavaScript</p>
                </li>
            </ul>
        </div>
    </div>
</body>
```

JS 代码：

```
<script>
        var filter=function (node) {
            return node.tagName.toLowerCase()=='p' ?
                NodeFilter.FILTER_ACCEPT :
                NodeFilter.FILTER_SKIP;
        }
        var walker=document.createTreeWalker(root, NodeFilter.SHOW_ELEMENT,
filter, false);
        var node=walker.nextNode();
        while (node!==null) {
            console.log(node.tagName);
            node=walker.nextNode();
        }
</script>
```

上述示例的运行结果如图 2-16 所示。

hello world!

- html

- css

- JavaScript

图 2-16　TreeWalker 示例效果图

2.2.2　广度优先遍历

广度优先遍历（BFS）指的是遍历完父节点的所有兄弟节点再遍历其子节点。假设以图 2-12 所示的 DOM 树中 Document 为根节点进行广度优先遍历，遍历的顺序如图 2-17 所示。

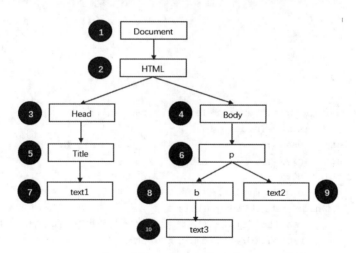

图 2-17　广度优先遍历示例图

HTML 代码：

```
<body>
  <div class="parent">
    <div class="child-1">
      <div class="child-1-1">
        child-1-1
```

```
            <div class="child-1-1-1">
                child-1-1-1
            </div>
        </div>
        <div class="child-1-2">
            child-1-2
            <div class="child-1-2-1">
                child-1-2-1
            </div>
            <div class="child-1-2-2">
                child-1-2-2
            </div>
        </div>
    </div>
    <div class="child-2">
        <div class="child-2-1">
            child-2-1
        </div>
        <div class="child-2-2">
            child-2-2
        </div>
    </div>
    </div>
</body>
```

JS 代码：

```
<script>
        var node=document.querySelector('.parent');
        let widthBianli=(node)=>{
            let nodes=[];
            let stack=[];
            if (node) {
                stack.push(node);
                while (stack.length) {
                    let item=stack.shift(); // 删除数组中的第一个元素并且返回
                    let children=item.children;
                    nodes.push(item);
                    for (let i=0; i<children.length; i++) {
                        stack.push(children[i])
                    }
                }
            }
            return nodes;
        }
        console.log(widthBianli(node));
</script>
```

上述示例的运行结果如图 2-18 所示。

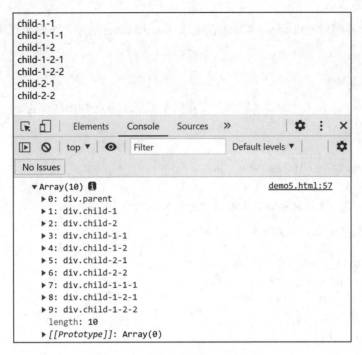

图 2-18　广度优先遍历示例效果图

2.3　元素及表格节点操作

2.3.1　元素节点操作

关于元素节点的操作，下面将从创建、插入、删除、复制以及替换元素节点几个部分进行分析与描述，并用实例进行分析。

1. 创建元素节点

createElement()方法可用于创建元素节点。此方法返回一个 Element 对象。

【语法】

```
document.createElement(tagName);
```

在上述代码中，参数 tagName 表示字符串值，这个字符串用来指明创建元素的类型。

相关示例如下：

```
var input=document.createElement("input");
```

2. 插入元素节点

插入元素节点可以使用 appendChild()方法和 insertBefore()方法，下面将对具体用法进行讲解。

1）appendChild()

appendChild() 方法将一个节点附加到指定父节点的子节点列表的末尾处。

【语法】

```
element.appendChild(aChild);
```

在上述代码中，参数 aChild 表示要追加给父节点的节点。

例如，appendChild() 方法的使用，代码如下：

```
// 创建一个新的段落元素<p>，添加到<body>的尾部
var p=document.createElement("p");
document.body.appendChild(p);
```

2）insertBefore()

insertBefore() 方法用于在指定的节点之前插入一个新节点。

【语法】

```
var insertedNode=parentNode.insertBefore(newNode, referenceNode);
```

在上述语法中，参数的使用说明如下：

（1）insertedNode 表示被插入节点(newNode)；

（2）parentNode 表示新插入节点的父节点；

（3）newNode 表示用于插入的节点；

（4）referenceNode 表示将要在这个节点之前插入。

insertBefore() 方法的使用的示例如下：

```
//在插入节点之前，获得节点的引用
var parentElement=document.getElementById('parentElement');
//获得第一个子节点
var theFirstChild=parentElement.firstChild;
//创建新元素
var newElement=document.createElement("div");
//在第一个子节点之前插入新元素
parentElement.insertBefore(newElement, theFirstChild);
```

3. 删除元素节点

removeChild() 方法从 DOM 中删除一个子节点。若删除成功，则返回删除的节点，否则返回 null。

【语法】

```
parent.removeChild(thisNode);
```

在上述代码中，参数 thisNode 表示要删除的节点，parent 表示当前节点的父节点。
示例如下：

```
var thisNode=document.getElementById("demo");
thisNode.parentNode.removeNode(thisNode);
```

4. 复制元素节点

cloneNode() 方法用于创建指定节点的精确复制。

【语法】

```
var dupNode=node.cloneNode(deep);
```

在上述代码中，参数的使用说明如下：

（1）node 表示将要被复制的节点；

（2）dupNode 表示复制成的副本节点；

（3）deep 为可选布尔参数，若为 true,则表示该节点的所有后代节点也会被复制，若为 false,则只复制该节点本身。

使用 cloneNode() 方法复制元素节点的示例如下：

```
var p=document.getElementById("para1");
var p_prime=p.cloneNode(true);
```

5. 替换元素节点

replaceChild() 方法用于用一个节点替换指定子节点,若替换成功,则返回被替换掉的节点,否则返回 null。

【语法】

```
node.replaceChild(newnode,oldnode);
```

在上述代码中，参数 newnode 表示用来替换 oldnode 的新节点，参数 oldnode 表示被替换掉的原始节点。

示例如下：

```
//<div><b id="oldnode">JavaScript</b>网页添加动态效果</div>
var newnode=document.createElement("p");
var oldNode=document.getElementById("oldnode");
var newTextnode=document.createTextNode("testnewnode");
newnode.appendChild(newTextnode);
oldNode.parentNode.replaceChild(newnode,oldnode);
```

2.3.2 表格节点操作

本节首先对表格元素的方法总结概括，然后对常用方法加以实例应用分析。

1. 表格元素的方法

<table>元素的方法如表 2-5 所示。

表 2-5 <table>元素的方法

方法名	描述
createTHead()	创建<thead>元素，将其放到表格中
createTFoot()	创建<tfoot>元素，将其放到表格中
createCaption()	创建<caption>元素，将其放到表格中
deleteTHead()	删除<thead>元素
deleteTFoot()	删除<tfoot>元素
deleteCaption()	删除<caption>元素
deleteRow(pos)	删除指定位置的行
insertRow(pos)	向 rows 集合中指定位置插入一行

<tbody>元素的方法如表 2-6 所示。

表 2-6 <tbody>元素的方法

方法名	描述
deleteRow(pos)	删除指定位置的行
insertRow(pos)	向 rows 集合中的指定位置插入一行

<tr>元素的方法如表 2-7 所示。

表 2-7 <tr>元素的方法

方法名	描述
deleteCell(pos)	删除指定位置的单元格
insertCell(pos)	向 cells 集合中的指定位置插入一个单元格，返回对新插入单元格的引用

2. 表格节点实例

```
<body>
    <input type="button" value="创建表格" onclick="CreateTable()"/>
    <script>
        function CreateTable() {
            //创建 table
            var table=document.createElement("table");
            table.border=1;
            table.width="100%";
            //创建 tbody
            var tbody=document.createElement("tbody");
            table.appendChild(tbody);
            //创建第一行
            var row1=document.createElement("tr");
            tbody.appendChild(row1);
            var cell1_1=document.createElement("td");
            cell1_1.appendChild(document.createTextNode("(1,1)"));
            row1.appendChild(cell1_1);
            var cell2_1=document.createElement("td");
            cell2_1.appendChild(document.createTextNode("(1,2)"));
            row1.appendChild(cell2_1);
            //创建第二行
            var row2=document.createElement("tr");
            tbody.appendChild(row2);
            var cell1_2=document.createElement("td");
            cell1_2.appendChild(document.createTextNode("(2,1)"));
            row2.appendChild(cell1_2);
            var cell2_2=document.createElement("td");
            cell2_2.appendChild(document.createTextNode("(2,2)"));
            row2.appendChild(cell2_2);
            //将表格添加到文档主体中
            document.body.appendChild(table);
        }
    </script>
</body>
```

上述代码中，JS 代码的 CreateTable()方法需要单击"创建表格"激发，运行效果如图 2-19

所示。

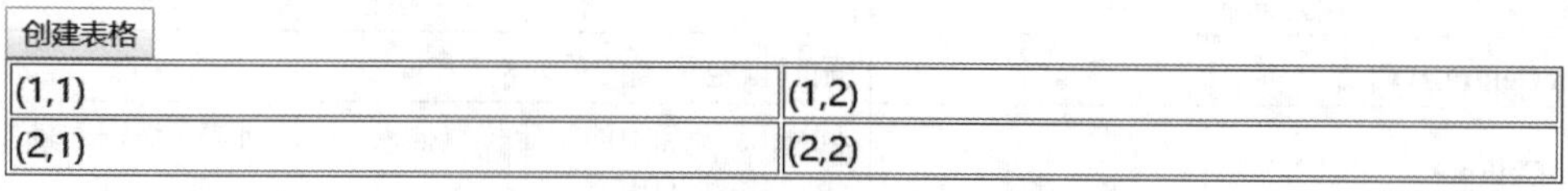

创建表格	
(1,1)	(1,2)
(2,1)	(2,2)

图 2-19　创建表格实例效果图

2.4　节点属性操作

1）创建节点属性

createAttribute() 方法创建并返回一个新的属性节点。

【语法】

```
attribute=document.createAttribute(name);
```

参数：name 为属性的属性名。

2）获取节点属性

getAttribute() 方法用于返回元素上指定的属性值。

【语法】

```
elementNode.getAttribute(name);
```

参数：name 为获取的属性值的属性名称。

3）设置节点属性

setAttribute()方法用于设置指定元素上的属性值。

【语法】

```
element.setAttribute(name, value);
```

参数：name 表示属性名称的字符串；value 表示属性的新值。

4）删除节点属性

removeAttribute() 方法可以从指定的元素中删除一个属性。

【语法】

```
element.removeAttribute(attrName);
```

参数：attrName 为从元素中删除的属性名称。

```
// 原 HTML 代码:<div id="div1" align="left" width="200px">
document.getElementById("div1").removeAttribute("align");
// 删除操作后 HTML 代码: <div id="div1" width="200px">
```

2.5　节点文本操作

2.5.1　创建文本节点

createTextNode()方法用于创建一个新的文本节点。

【语法】

```
var text=document.createTextNode(data);
```

data 是一个字符串，包含放入文本节点的内容。

示例：

```
var textNode=document.createTextNode("<strong>Hello</strong>world!");
```

2.5.2　设置或获取文本

设置或获取文本节点的内容常用到以下几个属性：innerHTML、innerText、outerHTML 以及 outerText。

1. innerHTML

innerHTML 用于设置或获取对象起始标签和结束标签之间的 HTML。示例如下：

```
<div id="div1">hello world</div>
<div id="div2">
    <span>HTML+CSS</span>
    <p>JavaScript</p>
</div>
<script>
 //执行
 console.log(document.getElementById('div1').innerHTML);
 //输出: hello world
 //执行
```

```
console.log(document.getElementById('div2').innerHTML);
//输出
//<span>HTML+CSS</span>
//<p>JavaScript</p>
//执行
document.getElementById('div1').innerHTML='node';
//则 div1 中的内容为：node
//执行
document.getElementById('div1').innerHTML='<div>'+'node'+'</div>';
//此时页面的内容依然是 node,标签名会自动解析，不会输出
</script>
```

2. innerText

innerText 用于设置或获取位于对象起始和结束标签内的文本。依然用上面的<div>…</div>示例进行操作。

```
//执行
console.log(document.getElementById('div1').innerText);
//输出：hello world
//执行
console.log(document.getElementById('div2'). innerText);
//输出：HTML+CSS
JavaScript
//执行
document.getElementById('div1').innerText='<div>'+'node'+'</div>';
//此时页面显示的内容是<div>node</div>，此时标签名没有被解析，当作字符原样输出
```

3. outerHTML

outerHTML 用于设置或获取对象及其内容的 HTML 形式。依然用上面的<div>…</div>示例进行操作。

```
//执行
console.log(document.getElementById('div1').innerHTML);
//输出：<div id="div1">hello world</div>
//执行
console.log(document.getElementById('div2').innerHTML);
//输出
//<div id="div2">
//<span>HTML+CSS</span>
//<p>JavaScript</p>
//</div>
```

与 innerHTML 不同的是，对象本身的标签也包含在内。

执行 document.getElementById('div1'). outerHTML='<div>'+'node'+'</div>';

此时页面的内容依然是 node，标签名会自动解析，不会输出。

4. outerText

outerText 用于设置或获取对象的文本。依然用上面的<div>…</div>示例进行操作。

```
//执行
console.log(document.getElementById('div1').outerText);
//输出: hello world
//执行
console.log(document.getElementById('div2').innerHTML);
//输出
//HTML+CSS
//JavaScript
//执行
document.getElementById('div1'). outerHTML='<div>'+'node'+'</div>';
//此时页面的内容依然是 node，标签名会自动解析，不会输出
```

2.5.3　插入文本节点

insertAdjacentElement()、insertAdjacentHTML()、insertAdjacentText()方法可用于在指定的位置插入元素、html 内容以及文本内容。

1）insertAdjacentElement ()

insertAdjacentElement () 方法将在指定的位置插入元素。

【语法】

```
element. insertAdjacentElement(position, text);
```

其中，position 表示插入内容相对于元素的位置，可以取以下几个值：beforebegin：元素自身的前面；afterbegin：插入元素内部的第一个子节点之前；beforeend：插入元素内部的最后一个子节点之后；afterend：元素自身的后面。

text 表示要插入的内容。

2）insertAdjacentHTML()

insertAdjacentHTML() 方法将在指定的位置插入 html 内容。

【语法】

```
element.insertAdjacentHTML(position, text);
```

其中，position 表示插入内容相对于元素的位置，可以取以下几个值：beforebegin：元素自身的前面；afterbegin：插入元素内部的第一个子节点之前；beforeend：插入元素内部的最后一个子节点之后；afterend：元素自身的后面。

text 表示要插入的内容。

3）insertAdjacentText()

insertAdjacentText () 方法将在指定的位置插入文本内容。

【语法】

```
element. insertAdjacentText (position, text);
```

其中，position 表示插入内容相对于元素的位置，可以取以下几个值：beforebegin：元素自身的前面；afterbegin：插入元素内部的第一个子节点之前；beforeend：插入元素内部的最后一个子节点之后；afterend：元素自身的后面。

text 表示要插入的内容。

2.5.4　删除文本

deleteData() 方法可用于从文本节点中删除数据。

【语法】

```
deleteData(start,length);
```

其中，start 表示从当前位置开始删除数据；length 表示要删除数据的长度。

示例：

```
myxmlDoc=loadXMLDoc("test.xml");
x=myxmlDoc.getElementsByTagName("title")[0].childNodes[0];
x.deleteData(0,9);
document.write(x.data);
```

2.6　CSS 样式

CSS(cascading style sheets)是一种用来表现 HTML 或 XML 等文件样式的计算机语言。CSS 既可以静态地修饰网页，也可以结合各种脚本语言动态地对网页中的元素进行格式化操作。

2.6.1　动态样式

1. 添加样式

Web 页面中添加样式表有两种方式：一种是通过在 HTML 文档内部添加<style>元素，即内置样式；另一种是添加外部样式表，即在文档中添加一个<link>节点，然后将 href 属性指向外部样式表的 URL。

1）动态添加外部样式

如果没有引入外部 CSS 文件，就需创建一个 link，添加外部文件。

```
var link=document.createElement("link"); //创建一个 link 元素节点
link.setAttribute("rel", "stylesheet");
link.setAttribute("href", "test.css");
//添加至 head 元素节点的尾部
document.getElementsByTagName("head")[0].appendChild(link);
```

2）动态添加内置样式

创建一个新的嵌入样式<style>，示例代码如下：

```
var style1=document.createElement("style"); //创建一个 style 元素节点
style1.setAttribute("type", "text/css");
//以文本节点形式创建 CSS 样式
var css=document.createTextNode(" body { background-color:blue; } ");
style1.appendChild(css); //将文本节点添加到 style1 节点的尾部
//添加至 head 元素节点的尾部
document.getElementsByTagName("head")[0].appendChild(style1);
```

2. 修改样式

1）通过 ID 和 class 属性修改样式

使用 DOM 节点的 id 和 className 属性修改 CSS 样式，示例如下：

HTML 代码：

```
<div id="div1" class=""></div>
<button onclick="modify()">修改样式</button>
<button onclick="modifyagain()">再次修改样式</button>
<button onclick="freestyle()">无 CSS 样式</button>
```

CSS 代码：

```
.style1 {
    height: 100px;
```

```
    width: 100px;
    background-color: rgb(50, 205, 97);
    margin-bottom: 7px;
}
.style2 {
    height: 200px;
    width: 200px;
    background-color: rgb(29, 188, 228);
    margin-bottom: 7px;
}
#div2 {
    height: 300px;
    width: 300px;
    background: rgb(223, 145, 158);
    margin-bottom: 7px;
}
```

JS 代码：

```
function modify() {
    document.getElementById("div1").className="style1"; //修改 class 属性为
style1
}
function modifyagain() {
    document.getElementById("div1").className="style2"; //修改 class 属性为
style2
}    //修改 ID 属性来更换 CSS 样式
function freestyle() {
    var te=document.getElementById("div1"); //拿到 div1 的元素节点
    te.id="div2"; //修改 ID 属性
    //3 s 后 ID 属性复原
    window.setTimeout(function () { te.id="div1" }, 3000);
}
```

上述示例初始页面如图 2-20 所示。

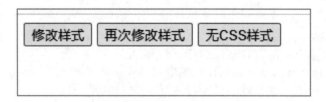

图 2-20　修改样式示例效果图

单击页面上"修改样式"按钮后，页面显示如图 2-21 所示。

图 2-21　修改样式示例效果图

单击页面上"再次修改样式"按钮,页面显示效果如图 2-22 所示。

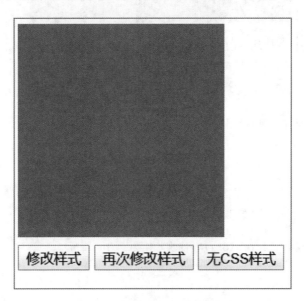

图 2-22　再次修改样式示例效果图

单击页面上"无 CSS 样式"按钮,页面显示效果如图 2-23 所示。

2)通过 style 节点属性修改样式

任何支持 style 特性的 HTML 元素在 JavaScript 中都有对应的 style 属性。这个 style 对象是 CSSStyleDeclaration 的实例,而不是字符串。可以通过 style 对象的一些属性和方法来修改 CSS 样式。

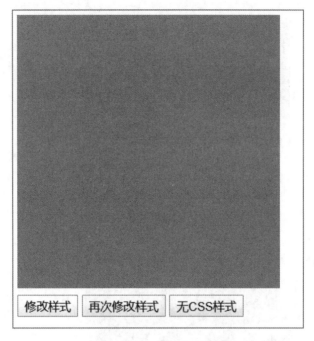

图 2-23　无 CSS 样式示例效果图

（1）利用 style 属性，直接赋值。

HTML 代码：

```
<div id="div1">
    <br>
    <p>通过节点属性修改样式的测试文本！</p>
</div>
<button onclick="alterColor()">修改文本颜色</button>
<button onclick="addHW()">增加高度和宽度</button>
```

CSS 代码：

```
#div1 {
    height: 150px;
    width: 200px;
    background: rgb(192, 255, 247);
}
```

JS 代码：

```
function alterColor() {
    var div1=document.getElementById("div1");
    div1.style="color:red";
```

```
}
//给指定元素节点增加高度和宽度
function addHW() {
    var div1=document.getElementById("div1");
    //覆盖原样式的高度、宽度
    div1.style="height:300px; width:300px; border: 1px solid red;";
}
```

上述示例的效果图如图 2-24 所示。

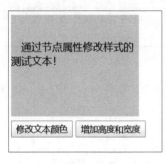

  (a) 示例初始网页示例效果图   (b) 修改文本颜色效果图   (c) 增加宽度和高度示例效果图

图 2-24　通过 style 节点属性修改样式效果图

（2）调用 style 属性的样式属性。

style 对象中定义了许多常用的样式属性。

```
div1.style.height="50px";
div1.style.weight="50px";
div1.style.backgroundColor="red";
```

注：这种方式每次只能设置一个样式。

（3）调用 style 属性的 cssText。

使用方式与直接给 style 属性赋值相似，示例如下：

```
//使用 cssText 设置 CSS 样式
div1.style.cssText="height:50px; width:150px; border: 1px solid red;";
```

style 对象还可以通过如表 2-8 所示的几种常用方法来编辑 CSS 样式：

表 2-8　style 对象修改 CSS 样式的几种方法

getPropertyCSSValue(propertyName)	返回包含给定属性值的 CSSValue 对象
getPropertyPriority(propertyName)	如果给定的属性使用了 !important 设置，则返回 "important"，否则返回空字符串
getPropertyValue(propertyName)	返回给定属性的字符串值
item(index)	返回给定位置的 CSS 属性的名称
removeProperty(propertyName)	从样式中删除给定属性
setProperty(propertyName,value,priority)	将给定属性设置为相应值，并加上优先权标志（ "important" 或者一个空字符串）

3）通过 DOM 操作属性节点修改样式

前面介绍的通过 id、class 和 style 等属性修改 CSS 样式是属于操作属性节点的方法。通过 setAttribute()方法也可以对 CSS 样式进行修改，示例如下：

```
div1.setAttribute('style', 'height:100px; width:100px; border: 1.5px solid red;');
//修改元/素节点的 style 属性
div1.setAttribute('class', 'style2'); //修改元素节点的 class 属性
div1.setAttribute("id", "div2") ;//修改元素节点的 ID 属性
alert(div1.getAttribute("style")); //以字符串形式返回 sytle 的样式值
```

3. 移除样式

移除样式的方式包括通过 removeAttribute()方法移除 class 等属性，使用 setAttribute()方法将 class 属性值清空，使用 remove()移除网页中引入的 CSS 样式以及用 removeProperty()方法移除样式等。

1）使用 removeAttribute()方法

removeAttribute()方法用于从指定的元素中删除属性。

【语法】

```
element.removeAttribute(attrName);
```

其中，atrrName 表示属性的名称。

示例如下：

```
// 修改之前：<div id="div1" align="left" width="200px">
document.getElementById("div1").removeAttribute("align");
// 修改之后：<div id="div1" width="200px">
```

2）使用 setAttribute()方法

setAttribute() 可以通过将属性值设置为 null 的方式来清除样式，但这种方式不一定能彻底删除，对于许多属性，如果仅将其值设为 null，不会达到预期效果。示例如下：

```
//<div id="div1" align="left" width="200px">
document.getElementById("div1").setAttribute('align',' ');
```

3）使用 remove()方法

使用 remove()方法可以移除网页中所使用的 link 标签引入的 CSS 样式，示例如下：

```
// es6
document.querySelectorAll('link[rel=stylesheet]').forEach(dom=>dom.remove())
;
// es5
let links=document.querySelectorAll('link[rel=stylesheet]');
links.forEach(function (dom) {
    dom.remove();
})
```

4）使用 removeProperty()方法

removeProperty() 方法用于移除指定的 CSS 样式属性。

【语法】

```
element.style.removeProperty(propertyName);
```

其中，propertyName 为移除属性的名称。

示例如下：

```
var ele=document.styleSheets[0].cssRules[0];
var removedvalue=ele.style.removeProperty("color");
console.log(removedvalue);
```

动态样式与 Style 对象紧密相关，关于它的所有相关属性和方法可参见相关电子资源。

2.6.2　操作样式表

在节点层次章节中，已经对 CSSStyleSheet、CSSRule、CSSStyleRule 等对象的属性和方法做了详细的总结概括，本节重点介绍样式表的应用与相关实例操作。

1. CSSStyleSheet

CSSStyleSheet 类型表示样式表，是一个类数组对象，它继承自 StyleSheet。StyleSheet 接口表示网页的一张样式表，包括<link>元素加载的样式表和<style>元素内嵌的样式表。

Document 对象的 styleSheets 属性，可以返回当前页面的所有 StyleSheet 实例，即所有样式表。

简单示例如下：

```
let sheets=document.styleSheets;
for (let i=0; i<sheets.length; i++) {
    console.log(sheets[i]);
}
```

如果是<style>元素嵌入的样式表，还有另一种获取 StyleSheet 实例的方法，就是利用这个节点元素的 sheet 属性。

```
// HTML 代码为<style id="myStyle"></style>
var myStyleSheet=document.getElementById('myStyle').sheet;
```

可以通过<link>或<style>元素取得 CSSStyleSheet 对象。DOM 规定了一个包含 CSSStyleSheet 对象的属性 sheet，除了 IE 浏览器，其他浏览器都支持这个属性。IE 浏览器支持 StyleSheet 属性。若需在不同的浏览器中都能取得样式表对象，则可以采用如下方式。

```
function getStyleSheet(element){
return element.sheet || element.styleSheet;
}
//取得第一个<link/>元素引入的样式表
var link=document.getElementsByTagName("link")[0];
var sheet=getStylesheet(link);
```

这里 getStyleSheet() 方法返回的样式表对象与 document.styleSheets 集合中的样式表对象相同。

2. CSS 规则

1）创建规则

DOM 中有规定，若向样式表中添加新规则，则需使用 insertRule()方法。该方法接收两个参数：规则文本和插入规则的索引，示例代码如下：

```
sheet.insertRule("body { background-color: blue }", 0); //DOM 方法
```

IE8 及更早版本支持有类似作用的 **addRule()**方法，该方法接收两个必选参数：选择符文本和 CSS 样式信息；一个可选参数：插入规则的位置。示例代码如下：

```
sheet.addRule("body", "background-color: blue", 0);  //仅对 IE 浏览器有效
```

如果以跨浏览器的方式向样式表中插入规则，则可以使用下面的函数。该函数接收 4 个参数：样式表以及与 **addRule()** 相同的 3 个参数，示例代码如下：

```
function insertRule(sheet, selectorText, cssText, position) {
    if (sheet.insertRule) {
        sheet.insertRule(selectorText+"{"+cssText+"}", position);
    } else if (sheet.addRule) {
        sheet.addRule(selectorText, cssText, position);
    }
}
```

2）读取和修改规则

在大多数情况下，仅使用 style 属性就可以满足所有操作样式规则的需求。这个对象就像每个元素上的 style 属性一样，可以通过它读取和修改规则中的样式信息。以下面的 CSS 规则为例。

```
div.box {
    background-color: red;
    width: 200px;
    height: 200px;
}
```

假设这条规则位于页面中的第一个样式表中，并且这个样式表中只有这一条样式规则，那么可以通过下列代码取得这条规则的所有信息。

```
var sheet=document.styleSheets[0];
var rules=sheet.cssRules || sheet.rules;          //取得规则列表
var rule=rules[0];                                //取得第一条规则
console.log(rule.selectorText);                   //"div.box"
console.log (rule.style.cssText);                 //完整的 CSS 代码
console.log (rule.style.backgroundColor);         //"red"
console.log (rule.style.width);                   //"200px"
console.log (rule.style.height);                  //"200px"
```

使用这种方式，可以像确定元素的行内样式信息一样，确定与规则相关的样式信息。与使用元素的方式一样，在这种方式下也可以修改样式信息，如下面示例所示。

```
var sheet=document.styleSheets[0];
var rules=sheet.cssRules ‖ sheet.rules; //获得规则列表
var rule=rules[0]; //获得第一条规则
rule.style.backgroundColor="red";
```

3）删除规则

deleteRule()用于删除样式表中的规则，该方法接收一个参数：要删除规则的位置。例如，要删除样式表中的第一条规则，示例代码如下：

```
sheet.deleteRule(0); //DOM 方法
```

IE 浏览器支持的删除规则的方法是 removeRule()，示例代码如下：

```
sheet.removeRule(0); //仅对 IE 浏览器有效
```

下面是一个能够跨浏览器删除规则的函数。第一个参数是要操作的样式表，第二个参数是要删除的规则的索引，示例代码如下：

```
function deleteRule(sheet, index) {
    if (sheet.deleteRule) {
        sheet.deleteRule(index);
    } else if (sheet.removeRule) {
        sheet.removeRule(index);
    }
}
```

2.6.3 计算样式

虽然 style 对象可以提供 style 特性的任何元素的样式信息，但 style 不包含从其他样式表层叠并影响到当前元素的样式信息。"DOM2 级样式"提供了 getComputedStyle() 方法。

getComputedStyle()是 window 全局对象的一个方法，可以传递两个参数：第一个参数用来指定一个获取计算样式的 DOM 元素；第二个参数（可选）用来指定一个要匹配的伪元素的字符串，普通元素可省略或 null。

getComputedStyle() 方法返回一个 CSSStyleDeclaration 对象，其中包含当前元素的所有计算的样式。以下面这个 HTML 页面为例。

HTML 代码：

```
<div id="myDiv"></div></html>
```

CSS 代码：

```
#myDiv {
    background-color: blue;
    width: 300px;
    height: 200px;
    background-color: rgb(0, 195, 255);
    border: 2px solid rgb(211, 247, 12);
}
```

JS 代码：

```
//以下代码用 getComputedStyle()方法可以获得<div>元素计算后的样式
var myDiv=document.getElementById("myDiv");
var computedStyle=document.defaultView.getComputedStyle(myDiv, null);
console.log (computedStyle.backgroundColor);   // "red"
console.log (computedStyle.width);             // "100px"
console.log (computedStyle.height);            // "200px"
console.log (computedStyle.border);            //在某些浏览器中是"1px solid black"
```

上述示例的运行效果如图 2-25 所示。

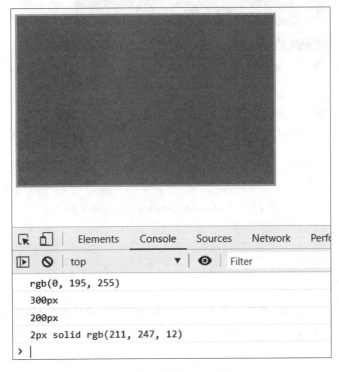

图 2-25　计算样式效果图

IE 浏览器，不支持 getComputedStyle() 方法，但每个具有 style 属性的元素有一个 currentStyle 属性，包含当前元素全部计算后的样式，示例如下：

```
var myDiv=document.getElementById("myDiv");
var computedStyle=myDiv.currentStyle;
console.log (computedStyle.backgroundColor);
console.log (computedStyle.width);              //"300px"
console.log (computedStyle.height);             //"200px"
console.log (computedStyle.border);             //undefined
```

上述示例的运行效果如图 2-26 所示。

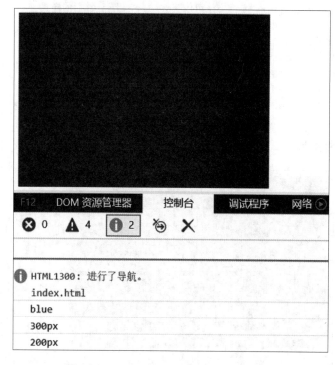

图 2-26　CSSStyleDeclaration 示例效果图

2.7　动态加载脚本

动态加载脚本的方式包括直接使用 document.write 方式、动态改变已有的 script 的 src 属性以及同步或异步动态创建 script 元素的方式。

2.7.1 document.write()实现

document.write()方法在使用时，一定要在加载页面的过程中使用，以避免重复写整个页面的情况。示例代码如下。

HTML 及内嵌 JS 的代码：

```
<head>
   <script type="text/javascript">
       function init() {
           //加载 JS 脚本
           document.write("<script src='test.js'><\/script>");
           //加载按钮
           document.write("<input type='button' value='测试'
onclick='operation()'\/>");
           //此时还没有进行加载，运行会报错
           // functionTest();
       }
       function operation() {
           //可以运行，显示"成功加载"
           functionTest();
       }
   </script>
</head>
<body>
   <input type="button" value="初始化" onclick="init()" />
</body>
```

JS 代码中 test.js 的代码：

```
function functionTest(){
  console.log("成功加载");
}
```

2.7.2 动态改变已有的 src 属性

通过动态改变 src 的方式实现动态脚本的加载，示例如下：

```
<head>
  <script type="text/javascript" id="test1" src=""></script>
  <script type="text/javascript">
      function init() {
```

```
        test1.src="test.js";//更改加载的 js 路径
        }
    </script>
</head>
<body>
    <input type="button" value="测试按钮" onclick="init()" />
</body>
```

2.7.3 动态创建 script 元素

动态创建 script 元素的方式有两种，分别为异步动态创建 script 元素和同步动态创建 script 元素。

1. 异步动态创建 script 元素

异步动态创建 script 元素的方法不需要一开始在页面中写入 script 标签来实现动态脚本的加载，但也存在着异步加载的缺点。示例如下：

```
<head>
    <script type="text/javascript">
        function init() {
            var scriptOne=document.createElement("script");
            scriptOne.type="text/javascript";
            scriptOne.src="test.js";
            document.body.appendChild(scriptOne);
            functionTest();//如果马上使用会找不到，因为还没有加载进来
        }
        function operation() {
            functionTest();//可以运行，显示"成功加载"
        }
    </script>
</head>
<body>
    <input type="button" value="测试" onclick="init()" />
    <input type="button" value="测试效果" onclick="operation()" />
</body>
```

上述示例的运行效果如图 2-27 所示。

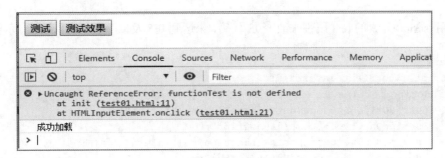

图 2-27　异步加载示例效果图

2. 同步动态创建 script 元素

同步动态创建 script 元素的方法不存在异步方法的缺点，具体示例如下：

```
<head>
 <script type="text/javascript">
   function init(){
     var scriptOne=document.createElement("script");
     scriptOne.type="text/javascript";
     scriptOne.appendChild(document.createTextNode("function
functionTest(){console.log(\"运行成功\"); }"));
     document.body.appendChild(scriptOne);
     functionTest ();//此处可以运行
   }
 </script>
</head>
<body>
 <input type="button" value="测试" onclick="init()"/>
</body>
```

上述示例的运行效果如图 2-28 所示。

图 2-28　同步加载示例效果图

此部分代码在 Firefox、Safari、Chrome、Opera 和 IE9 中可以正常运行，不兼容 IE8 以及以下的版本。由于 IE 浏览器将<script>视为一个特殊元素，因此不允许 DOM 访问其子节点。

可以使用<script>元素的 text 属性来改变 JS 代码，来达到 IE8 及以下版本可以运行。示例如下：

```
<head>
 <script type="text/javascript">
    function init(){
        var scriptOne=document.createElement("script");
        scriptOne.type="text/javascript";
        scriptOne.text="function functionOne(){alert(\"运行成功\"); }";
        document.body.appendChild(scriptOne);
        functionOne();//此处可以运行
    }
 </script>
</head>
<body>
 <input type="button" value="测试" onclick="init()"/>
</body>
```

【附件二】

为了方便您的学习，我们将该章节中的相关附件上传到所示的二维码，您可以自行扫码查看。

第 3 章　事件

学习目标:

- 事件流
- 事件处理程序
- Event 事件对象
- 常见的事件
- 内存与性能优化

本章对事件部分的事件流、事件处理程序、事件对象、事件类型、模拟事件以及内存与性能做了详细分析与讲解。

3.1　事件流

事件可以用于实现 JS 和 HTML 之间的交互,并且通过侦听器预订事件,使事件在发生时执行相应代码。事件最早出现在 IE3 和 Netscape Navigator2 中,用于分担服务器的运算负载。

事件流用于描述从页面中接收事件的顺序。IE 的事件流是事件冒泡流,而 Netscape Communicator 的事件流是事件捕获流,DOM 事件流采用先捕获后冒泡。

不同的事件模型,事件的处理顺序不一样,以下三种模型的处理顺序分别如下。

(1)事件冒泡模型:button->div->body->html(IE 事件流);

(2)事件捕获模型:html->body->div->button(Netscape 事件流);

(3)DOM 事件模型:html->body->div->button->div->body->html(先捕获后冒泡).

3.1.1　事件冒泡

事件冒泡(event bubbling),即事件开始时由具体的元素接收,然后逐级向上传播到较为不具体的节点元素，事件冒泡的流程如图 3-1 所示。

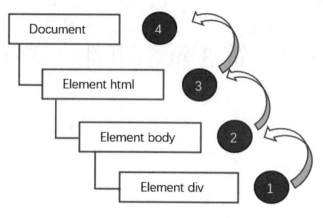

图 3-1　事件冒泡示例图

示例代码如下：

```
<body>
 <div id="parent">
    父元素
   <div id="child">
      子元素
   </div>
 </div>
 <script type="text/javascript">
    var parent=document.getElementById("parent");
    var child=document.getElementById("child");
    document.body.addEventListener("click",function(e){
      console.log("click-body");
    },false);
    parent.addEventListener("click",function(e){
      console.log("click-parent");
    },false);
    child.addEventListener("click",function(e){
      console.log("click-child");
    },false);
 </script>
</body>
```

示例初始效果如图 3-2 所示。

(a) 事件冒泡示例初始图　　　(b) 单击父元素冒泡示例图　　　(c) 单击子元素冒泡示例图

图 3-2　事件冒泡示例效果图

3.1.2　事件捕获

事件捕获从不太具体的节点先接收到事件，具体的节点最后接收到事件。事件捕获的目的是在事件到达预定的目标之前捕获它，事件捕获的流程如图 3-3 所示。

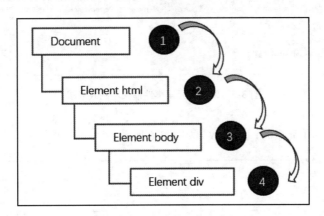

图 3-3　事件捕获示例图

示例如下：

```
var parent=document.getElementById("parent");
var child=document.getElementById("child");
document.body.addEventListener("click",function(e){
  console.log("click-body");
},true);
parent.addEventListener("click",function(e){
  console.log("click-parent 事件捕获");
},true);
child.addEventListener("click",function(e){
  console.log("click-child");
},true);
```

示例的初始效果如图 3-4 所示。

图 3-4　事件捕获示例初始效果图

当单击页面中的父元素时，示例效果如图 3-5 所示。

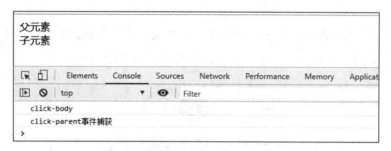

图 3-5　单击父元素事件捕获示例效果图

当单击页面中的子元素时，示例效果如图 3-6 所示。

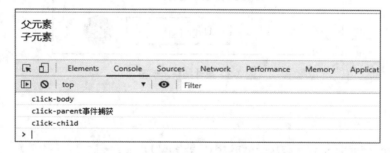

图 3-6　单击子元素事件捕获示例效果图

3.1.3　事件冒泡和事件捕获的区别

事件冒泡和事件捕获都是用于确定事件触发时序，由绑定事件方法 addEventListener() 的第三个参数值控制，当该值为默认值 false 时，绑定事件方法为事件冒泡，反之若值为 true，则绑定事件方法是事件捕获。

事件冒泡和事件捕获的区别主要在于绑定事件的顺序，区别如下。

（1）事件冒泡：从触发事件的那个节点一直到 document，是自下而上、由内向外地去触发事件。

（2）事件捕获：从 document 到触发事件的那个节点，是自上而下、由外向内地去触发事件。

3.1.4　阻止事件冒泡

事件冒泡和捕获是事件的两种行为，使用 event.stopPropagation()方法可以进一步阻止捕获和冒泡阶段中当前事件的传播，但不会阻止默认行为，示例如下。

HTML 代码：

```html
<body>
  <div id='div1'>
    <div id="div2">
      <div id='div3'>
        <div id="div4">
          <a id="a" href="http://2080.zj-xx.cn/">2080-教程</a>
        </div>
      </div>
    </div>
  </div>
</body>
```

CSS 代码：

```css
#div1 {
    width: 400px;
    height: 400px;
    background: red;
}

#div2 {
    width: 300px;
    height: 300px;
    background: green;
}

#div3 {
    width: 200px;
    height: 200px;
    background: yellow;
}
```

```
#div4 {
    width: 100px;
    height: 100px;
    background: blue;
}
```

JS 代码:

```
var oHtml=document.documentElement;
var oBody=document.body;
var oDiv1=document.getElementById('div1');
var oDiv2=document.getElementById('div2');
var oDiv3=document.getElementById('div3');
var oDiv4=document.getElementById('div4');
oHtml.onclick=function () {
    alert("this is html");
}
oBody.onclick=function () {
    alert("this is body");
}
oDiv1.onclick=function () {
    alert("this is div1");
}
oDiv2.onclick=function (ev) {
    var oEvent=ev || window.event;
    alert("this is div2");
    oEvent.cancelBubble=true;
}
oDiv3.onclick=function () {
    alert("this is div3");
}
oDiv4.onclick=function (ev) {
    var oEvent=ev || window.event;
    alert("this is div4");
    //JS 阻止事件冒泡
    oEvent.stopPropagation();
}
```

上述示例的初始页面效果如图 3-7 所示。

上面示例分别在 Div2 和 Div4 上添加了 oEvent.cancelBubble=true 和 oEvent.stopPropagation()，可用于阻止事件的冒泡。所以单击页面上绿色和蓝色块时，分别只弹出 "this is div2" 和 "this is div4"。

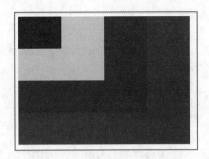

图 3-7　阻止事件冒泡示例效果图

3.1.5　取消事件默认行为

事件对象（Event）中的 preventDefault() 方法可用于取消一个目标元素的默认行为。使用此方法的前提是元素有默认行为，若元素本身没有默认行为，则调用该方法是无效的。当 Event 对象的 cancelable 为 false 时，表示没有默认行为，调用 preventDefault() 方法不起任何作用。

取消事件的默认行为的示例如下：

```
//假设有链接<a href=" http://2080.zj-xx.cn/" id="test">2080-教程</a>
var a=document.getElementById("test");
a.onclick=function(e){
    if(e.preventDefault){
        e.preventDefault();
    }
    else{
        window.event.returnValue==false;
    }
}
```

3.1.6　DOM 事件流

"DOM2 级事件"规定的事件流包括三个阶段：事件捕获阶段、处于目标阶段和事件冒泡阶段，示例如下：

```
<body>
    <button id="btn">DOM 事件流</button>
    <script>
        var btn=document.getElementById("btn");
        btn.onclick=function(event) {
            console.log("处于目标阶段");
        };
        document.body.addEventListener("click", function(event) {
```

```
        console.log("事件冒泡");
    }, false);
    document.body.addEventListener("click", function(event) {
        console.log("事件捕获");
    }, true);
</script>
</body>
```

单击页面上"DOM 事件流"按钮后控制台输出内容如图 3-8 所示。

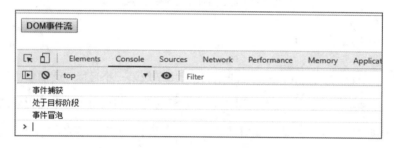

图 3-8　DOM 事件流示例效果图

3.2　事件处理程序

响应某个事件的函数称为事件处理程序。事件处理程序的名称以"on"开头，例如，click 的事件处理程序是"onclick"；load 的事件处理程序就是"onload"。每个事件处理程序都有 event 变量，即事件对象。

3.2.1　HTML 事件处理程序

处理 HTML 事件处理程序有两种方式：一是直接在 html 标签中定义；二是在 JS 中定义函数。每个 HTML 事件处理程序都有一个 event 变量，通过 event 变量可以直接访问事件对象。相关示例代码如下：

```
<body>
    <!-- 直接在 html 标签中写入 html 事件处理程序-->
    <input type="button" value="点击" onclick="console.log('clicked')">
    <button onclick="showMessage(event)">显示信息</button>
    <script>
     function showMessage(event){
        console.log(event);
        console.log('Hello world');
    }
```

```
    </script>
</body>
```

　　分别单击示例页面上的“点击”和“显示信息”按钮后，控制台输出相关内容，如图 3-9 所示。

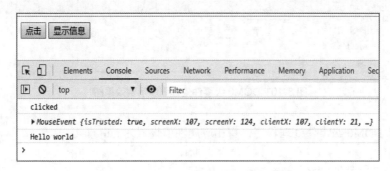

图 3-9　HTML 事件处理程序示例效果图

HTML 事件处理程序的优点如下：

（1）事件处理程序中代码在执行时，有权访问全局作用域中的任何代码；

（2）HTML 事件处理程序更方便访问自身的属性值。

HTML 事件处理程序的缺点如下：

（1）如果页面没有完全加载完毕，会出现错误情况；

（2）HTML 与 JS 代码紧密耦合；

（3）扩展事件处理程序的作用域在不同浏览器中会出现不同的结果。

3.2.2　DOM0 级事件处理程序

　　DOM0 级事件处理程序，即通过 JavaScript 指定事件处理程序的传统方式，将函数值赋值给事件处理程序的属性，具体示例代码如下：

```
<body>
    <button id="myButton">单击</button>
    <script>
        //事件处理程序在当前元素的作用域下运行
        let myButton=document.getElementById('myButton');
        myButton.onclick=function (event) {
            console.log(this.id);//myButton
        }
    </script>
</body>
```

单击示例初始页面上的"单击"按钮后，控制台输出"this.id"，如图 3-10 所示。

图 3-10　DOM0 级事件处理程序示例效果图

若要删除 DOM0 级事件处理程序，将相应属性值设置为 null 即可。

```
myButton.onclick=null;
```

DOM0 级事件处理程序的优点如下：

（1）操作简单，容易理解；

（2）拥有跨浏览器的优势。

DOM0 事件处理程序的缺点：只能添加一个事件处理程序。

3.2.3　DOM2 和 DOM3 级事件处理程序

DOM2 和 DOM3 级事件处理程序在 DOM0 级的基础上引入交互能力特性，支持更高级的 XML 特性。DOM2 级和 DOM3 级的使用在于扩展 DOM API，以满足操作 XML 的需求，同时提供更好的错误处理及特性检测能力。

DOM2 级事件处理程序，定义两种方法用于处理事件处理程序，分别为 addEventListener() 和 removeEventListener() 方法。在 DOM2 级事件处理程序中，只能通过 addEventListener()方法添加事件处理程序，通过 removeEventListener() 方法删除事件处理程序。

addEventListener()和 removeEventListener() 方法都接收三个参数，分别为要处理的事件名、事件处理函数以及一个布尔值。若布尔值为 false，表示在冒泡阶段调用事件处理程序；若布尔值为 true，表示在捕获阶段调用事件处理程序，示例如下：

```
<body>
    <button id="testbtn">单击测试</button>
    <script>
        let btn=document.getElementById('testbtn');
        btn.addEventListener('click', function () {
```

```
        console.log(this.id);
    }, false);
    let handler=function () {
        console.log("事件处理程序测试");
    };
    btn.addEventListener('click', handler, false);
    btn.removeEventListener('click', handler, false);
    </script>
</body>
```

示例效果如图 3-11 所示。

图 3-11　DOM2 级事件处理程序示例效果图

DOM3 级事件处理程序在 DOM2 级事件处理程序的基础上重新定义和添加一些新事件，具体包括 UI 事件、焦点事件、鼠标事件、滚轮事件、文本事件、键盘事件、合成事件以及变动事件。

DOM3 级定义了自定义事件，使开发人员可以创建自己的事件。创建自定义事件可以通过 createEvent("CustomEvent")方式创建，返回的对象中包含 initCustomEvent()方法，该方法接收四个参数。

（1）type：表示触发事件的类型。

（2）bubble：表示事件是否冒泡。

（3）cancelable：表示事件是否可以取消。

（4）detail：表示可以保存在 event 对象的属性中。

使用 DOM3 级自定义事件的示例如下：

```
<body>
    <div id="con">
        <div>
            <div id="target"></div>
        </div>
        <button id="btn">点击</button>
    </div>
```

```
<script>
    var cEvent=document.createEvent("CustomEvent");
    cEvent.initCustomEvent("myEvent", true, false, "hello world!");
    var btn=document.getElementById('btn');
    btn.addEventListener('click', function () {
        setTimeout(function () {
            target.dispatchEvent(cEvent);
        }, 1000)
    })
    var oCon=document.getElementById('con');
    var target=document.getElementById('target');
    target.addEventListener('myEvent', function (cEvent) {
        console.log('target', cEvent);
    })
    oCon.addEventListener('myEvent', function (cEvent) {
        console.log('oCon', cEvent);
    })
    window.addEventListener('myEvent', function (cEvent) {
        console.log('window', cEvent);
    })
</script>
</body>
```

单击按钮后会在控制台输出如图 3-12 所示的内容。

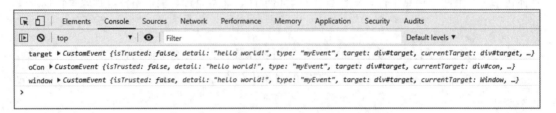

图 3-12　DOM3 级自定义事件处理程序示例效果图

3.2.4　IE 事件处理程序

IE 实现了与 DOM 中类似的两个方法，即 attachEvent()和 detachEvent()。这两个方法接收相同的两个参数，分别为事件处理程序名称和事件处理函数，只支持 IE7 和 IE8 等低版本 IE 浏览器，示例如下：

```
<body>
    <button id="btn">单击按钮</button>
    <script>
        let btn=document.getElementById('btn');
        // 注意这里是 onclick 的事件处理程序名
```

```
    btn.attachEvent('onclick', function(){
        console.log("事件测试");
    });
    </script>
</body>
```

在 IE 浏览器中使用 attachEvent()和 DOM0 级事件处理程序方法的主要区别是事件处理程序的作用域方面。DOM0 级事件处理程序的作用域是在其当前元素的作用域内，而 attachEvent()方法作用域为全局作用域，因此 tihs 指向 window。

attachEvent()同样支持处理多个事件处理程序，但是它与 DOM 有个明显的区别是后定义的代码先执行，示例如下：

```
<body>
    <button id="btn">单击按钮</button>
    <script>
     let btn=document.getElementById('btn');
     btn.attachEvent('onclick', function(){
        console.log("事件测试");
     });
     btn.attachEvent('onclick', function(){
        console.log("事件测试");
     });
    </script>
</body>
```

使用 attachEvent()添加的事件处理程序可以通过 detachEvent()来移除，但必须提供相同的参数。添加的匿名函数将不能被移除，示例如下：

```
var btn=document.getElementById("myBtn");
var handler=function(){
console.log("单击按钮");
};
btn.attachEvent("onclick", handler);
// 这里省略了其他代码
btn.detachEvent("onclick", handler);
```

3.2.5 跨浏览器事件处理程序

跨浏览器的事件处理程序可以自定义编写，但要保证处理事件的代码可以在大多数浏览器下运行，只需考虑冒泡阶段即可。根据 DOM 和 IE 中 event 的不同之处以及它们之间的相似性，可以总结出跨浏览器的解决方案。常见的已总结出的跨浏览器的解决方案主要包括

addHandler()、removeHandler()、getEvent()、getTarget()、preventDefault()、stopPropagation()等方法。

1）addHandler()

addHandler()方法的作用是根据情况选择 DOM0 级方法、DOM2 级方法、DOM3 级方法或 IE 方法来添加事件处理程序。addHandler()方法接收 3 个参数，分别为要操作的元素、事件名称和事件处理函数。

```
function addHandler(element,type,handler){
    if(element.addEventListener){
        element.addEventListner(type,handler,false);
    }else if(element.attachEvent){
        element.attachEvent("on"+type,handler);
    }else{
        element["on"+type]=handler;
    }
}
```

2）removeHandler()

与 addHandler()对应的方法是 removeHandler()方法，接收 addHandler()方法相同的参数。该方法的作用是移除之前添加的事件处理程序。

```
function removeHandler(element, type, handler) {
    if (element.removeEventListener) {
        element.removeEventListner(type, handler, false);
    } else if (element.detachEvent) {
        element.detachEvent("on"+type, handler);
    } else {
        element["on"+type]=null;
    }
}
```

addHandler()和 removeHandler()这两个方法首先都会检测传入的元素中是否存在 DOM2 级方法。若存在 DOM2 级方法，则使用该方法；若存在 IE 方法，则采取相应的 IE 事件处理程序。最后一种是 DOM0 级方法，此时使用方括号语法来将属性名指定为事件处理程序，或者将属性设置为 null。

3）getEvent()

getEvent()方法返回对 event 对象的引用。使用 getEvent()方法时，若一个事件对象传入事件处理程序中，则该变量也需传给这个方法。

```
function getEvent(event){
    return event?event:window.event;
}
```

将上述代码添加到事件处理程序的开头，对于任何浏览器都可以确保能使用 event 对象。

4）getTarget()

getTarget()方法返回事件的目标。检测 event 对象的 target 属性，如果存在则返回该属性的值；否则返回 srcElement 属性的值。

```
function getTarget(event){
    return event.target ‖ event.srcElement;
}
```

5）preventDefault()

preventDefault()方法用于取消事件的默认行为。传入 event 对象后，检查是否存在 preventDefault()方法，若存在则调用该方法。若 preventDefault()方法不存在，则设置 returnValue 的值为 false。

```
function preventDefault(event){
    if(event.preventDefault){
        event.preventDefault();
    }else{
        event.returnValue=false;
    }
}
```

6）stopPropagation()

stopPropagation()方法用于取消事件的进一步捕获或冒泡行为。首先尝试用 DOM 方法来阻止事件流，若没有阻止成功，则使用 cancelBubble 属性。

```
function stopPropagation(event){
    if(event.stopPropagation){
        event.stopPropagation();
    }else{
        event.cancelBubble=true;
    }
}
```

7）getScrollP()

getScrollP()方法用于获取滚动条的位置。

```
function getScrollP(){
    return{
        top: document.documentElement.scrollTop || document.body.scrollTop,
        left : document.documentElement.scrollLeft || document.body.scrollLeft
    }
}
```

8）getWindow()

getWindow()可用于获取可视窗口的大小。

```
function getWindow(){
    if(typeof window.innerWidth!='undefined') {
        return{
            width : window.innerWidth,
            height : window.innerHeight
        }
    } else{
        return {
            width : document.documentElement.clientWidth,
            height : document.documentElement.clientHeight
        }
    }
}
```

为了获得更好的封装性，在实践中通常是把这些方法封装在 EventUtil 对象里，后面章节中涉及这些方法的使用都是通过 EventUtil 对象来调用。

3.3 event 事件对象

在触发 DOM 上的某个事件时，会产生一个 event 事件对象，这个对象中包含与事件有关的信息，即事件的元素、事件的类型以及其他与特定事件相关的信息。

3.3.1 DOM 中的事件对象

兼容 DOM 的浏览器会将一个 event 对象传入事件处理程序中。示例如下：

```
btn.onclick=function(event){
    console.log(event.type);   //输出: "click"
```

```
    }
btn.addEventListener("click",function(event){
    console.log(event.type);    //输出："click"
},false);
```

示例中的两个事件处理程序都会输出由 event.type 属性表示的事件类型，该属性始终包含于被触发的事件类型中。

通过 HTML 特性指定事件处理程序时，变量 event 中保存 event 对象。

```
<input type="button" value="click me" onclick="console.log(event.type)" />
```

event 对象包含创建它的事件的属性和方法。触发的事件类型不一样，可用的属性和方法也不同。

下面将介绍 DOM 事件对象中常用的属性与方法。

1）currentTarget 和 target 属性

target 属性用于事件流的目标阶段，currentTarget 属性用于事件流的捕获、目标以及冒泡阶段。当事件流处于目标阶段时，这两个属性的指向是相同的。当处于捕获和冒泡阶段时，target 指向被单击的对象，currentTarget 指向当前事件活动的对象。

在事件处理内部程序时，对象 this 始终等于 currentTarget 的值，target 只包含事件的实际目标，示例如下：

```
btn.onclick=function(event){
    console.log(event.currentTarget==this);    //输出：true
    console.log(event.target==this);    //输出：true
}
```

由于 click 事件的目标是按钮，因此这三个值相同。若事件处理程序在按钮的父节点中，这些值是不相同的，示例如下：

```
document.body.onclick=function(event){
    console.log (event.currentTarget==document.body);    //输出：true
    console.log (this==document.body); //输出：true
    console.log (event.target==document.getElementById("myBtn"));    /输出：true
}
```

2）type 属性

当一个函数处理多个事件时，可以使用 type 属性，示例如下：

```
var handler=function(event){
```

```
    switch(event.type){
        case "click":
            console.log("单击测试");
            break;
        case "mouseover":
            event.target.style,backgroundColor="red";
            break;
        case "mouseout":
            event.target.style.backgroundColor="green";
            break;
    }
};
btn.onclick=handler;
btn.onmouseover=handler;
btn.onmouseout=handler;
```

3）preventDefault()方法

preventDefault()方法用于阻止特定事件的默认行为，使用该方法的前提是 cancelable 属性为 true，满足这个条件才能使用 preventDefault()方法取消默认行为，示例如下：

```
link.onclick=function(event){
    event.preventDefault();
}
```

4）stopPropagation()方法

stopPropagation()方法用于取消进一步的事件捕获或冒泡行为，示例如下：

```
btn.onclick=function(event){
    console.log("clicked");
    event.stopPropagation();
}
document.body.onclick=function(event){
    console.log("body clicked");
}
```

若上述示例不调用 stopPropagation()方法，在单击按钮时会输出两条信息。调用该方法后 click 事件不会被传播到 document.body，就不会触发注册在 document.body 上的 onclick 事件程序。

5）eventPhase 属性

eventPhase 属性用于确定事件目前正处于事件流的哪个阶段。

（1）捕获阶段：eventPhase=1。

（2）处于目标对象上：eventPhase=2。

（3）冒泡阶段：eventPhase=3。

例如，eventPhase 属性的示例如下：

```
btn.onclick=function(event){
    console.log(event.eventPhase);                          //输出：2
}
document.body.addEventListener("click",function(event){
    console.log(event.eventPhase);                          //输出：1
},true);
document.body.onclick=function(event){
    console.log(event.eventPhase);                          //输出：3
}
```

event 对象只存在于事件处理程序执行期间，当事件处理程序执行完成时，event 对象就会被销毁。

3.3.2　IE 中的事件对象

与访问 DOM 中的 event 对象不同，访问 IE 中 event 对象有几种不同的方式，选择哪种方式取决于指定事件处理程序的方法。

使用 DOM0 级方法添加事件处理程序，event 对象作为 window 的一个属性，示例如下：

```
btn.onclick=function(){
    var event=window.event;
    console.log(event.type);                                //输出："click"
}
```

使用attachEvent()方法添加事件处理程序,event对象作为参数被传入事件处理程序函数中，示例如下：

```
btn.attachEvent("onclick",function(event){
    console.log(event.type);                                //输出："click"
})
```

使用 HTML 特性的事件处理程序，可以通过一个名为 event 的变量访问 event，示例如下：

```
<input type="button" value="click me" onclick="console.log(event.type)"/>
```

IE 的 event 对象包含创建它的事件的属性和方法，下面将介绍三种常用的属性与方法。

1）srcElement 属性

srcElement 为事件的目标，与 DOM 中的 target 属性相同。由于事件处理程序的作用域是根据指定事件的方式来确定的，所以不能认为 this 始终等于事件目标，因此可以使用 event.srcElement 来确定事件的目标，示例如下：

```
btn.onclick=function(){
    console.log(window.event.srcElement==this);  //true
}
btn.attachEvent("onclick",function(event){
    console.log(event.srcElement==this);  //false
})
```

2）returnValue 属性

returnValue 默认值为 true，值为 false 时就可以取消事件的默认行为，作用与 DOM 中的 preventDefault()方法相同，示例如下：

```
link.onclick=function(){
    window.event.returnValue=false;
}
```

3）cancelBubble 属性

cancelBubble 的作用与 DOM 中的 stopPropagation()方法相同，都是用于停止事件冒泡。由于 IE 浏览器不支持事件捕获，因此只能取消事件冒泡。示例如下：

```
btn.onclick=function(){
    console.log("clicked");
    window.event.cancelBubble=true;
}
document.body.onclick=function(){
    console.log("body clicked");
}
```

3.3.3 事件 event 对象的兼容性

event 对象在不同的浏览器中存在兼容性问题，本节将对 event 对象在 IE、Chrome 以及 Firebox 浏览器中的兼容性进行解析说明。

1. IE 浏览器

在 IE 浏览器中使用 event 对象时，event 是一个全局变量，不存在作用域的问题，可以直接对 event 对象的属性做任何操作，没有作用域的限制也没有函数格式的要求。

2. Chrome 浏览器

在 Chrome 浏览器中使用 event 对象时，event 不是一个全局变量。在使用过程中，每个事件绑定的函数中都默认传入一个形参 event，直接使用即可，不需要填写 event 形参。

3. Firebox 浏览器

在 Firebox 浏览器中使用 event 对象时，相对比较麻烦。Firebox 浏览器中不存在 event 这个变量，在使用 event 时，需要使用代码如下：

```
var e=arguments.callee.caller.arguments[0] || window.event;
```

当加入上面的语句后，Firebox 浏览器中使用 event 对象时就可以兼容了。

3.4　常见事件

3.4.1　鼠标与滚轮事件

1. 事件信息列表

鼠标与滚轮事件信息如表 3-1 所示。

表 3-1　鼠标与滚轮事件信息表

鼠标事件	说明
click	用户单击鼠标按钮或按下回车键时触发
contextmenu	当用户单击元素的上下文菜单时触发该事件
dbclick	用户双击鼠标按钮时触发
mousedown	用户按下鼠标按钮时触发
mouseenter	鼠标光标首次从元素外部移动到元素内部时触发
mouseleave	鼠标光标从元素上移动到元素外时触发
mousemove	鼠标指针在元素内部移动时触发
mouseout	鼠标移出某元素到另一元素时触发
mouseover	鼠标指针移到有事件监听的元素或者它的子元素内时触发
mouseup	用户释放鼠标按钮时触发
pointerlockchange	鼠标被锁定或者解除锁定发生时该事件被触发
pointerlockerror	鼠标锁定被禁止时触发该事件

滚轮事件	说明
mousewheel	当用户通过鼠标滚轮与页面交互、在垂直方向上滚动页面时，触发 mousewheel 事件
DOMMouseScroll	用户通过鼠标滚轮滚动时触发
wheel	滚轮向任意方向滚动时触发该事件

2. 实例

1）鼠标事件实例

HTML 代码:

```
<body>
  <input type="button" value="鼠标事件">
</body>
```

JS 代码:

```
window.onload=function () {
    var btn=document.getElementsByTagName("input")[0]
    btn.onclick=function () {
        console.log("鼠标点击")
    }
    btn.onmousemove=function () {
        console.log ("鼠标悬停")
    }
    btn.onmouseout=function () {
        console.log ("鼠标离开")
    }
    btn.onmousedown=function () {
        console.log ("鼠标按下")
    }
    btn.onmouseup=function () {
        console.log ("鼠标抬起")
    }
    btn.onmousemove=function () {
        console.log ("鼠标移动")
    }
}
```

示例效果如图 3-13 所示。

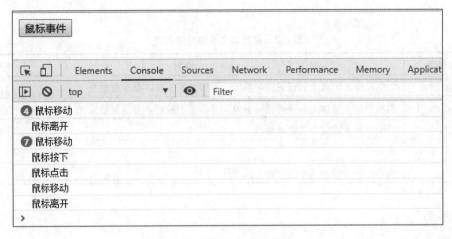

图 3-13　鼠标事件实例效果图

2）滚轮事件实例

```
(function(){
    function handleMouseWheel(event){
        event=EventUtil.getEvent(event);
        var delta=EventUtil.getWheelDelta(event);
        console.log(delta);  //向上滚动的值为 - 125，向下滚动的值为 125
    }
    EventUtil.addHandler(document, "mousewheel", handleMouseWheel);
    EventUtil.addHandler(document, "DOMMouseScroll", handleMouseWheel);
})();
```

在上述代码中，wheelDelta 属性是一个抽象值，表示滚轮滚动的距离。如果滚轮转动的方向远离用户，则为正值，否则为负值。

getWheelDelta()方法检测事件对象是否包含 wheelDelta 属性，若 wheelDelta 属性存在，则通过浏览器检测代码确定的值。若 wheelDelta 属性不存在，则假定相应的值保存在 detail 属性中。

3.4.2　键盘与文本事件

1. 事件信息列表

键盘与文本事件信息如表 3-2 所示。

表 3-2　键盘与文本事件信息表

键盘事件	说明
keydown	当用户按下键盘上的任意键时触发，并按着不放时，会重复触发
keypress	当用户按下键盘上的字符键时触发，并按着不放时，会重复触发
keyup	当用户释放键盘上的键时触发
文本事件	说明
textInput	用户在编辑插入文本时会触发此事件

2. 实例

1）键盘事件

JS 代码：

```
function appendText(str) {
    document.body.innerHTML+=(str+"<br/>");
}
document.onkeydown=function () {
    appendText("onkeydown");
    if (event.ctrlKey) {
        appendText("ctrlKey");
    }
    if (event.altKey) {
        appendText("altKey");
    }
    if (event.shiftKey) {
        appendText("shiftKey");
    }
    //无 charCode 属性，只有 keypress 才有该属性
    if (event.charCode) {
        appendText(String.fromCharCode(event.charCode));
    }
    if (event.keyCode) {
        appendText(event.keyCode);
    }
};
document.onkeypress=function () {
    //keypress 不能监听组合键
    appendText("onkeypress");
    if (event.ctrlKey) {
        appendText("ctrlKey");
    }
    if (event.altKey) {
        appendText("altKey");
```

```
    }
    if (event.shiftKey) {
        appendText("shiftKey");
    }
    //charCode 是字母的 Unicode 值
    if (event.charCode) {
        appendText(String.fromCharCode(event.charCode));
    }
}
document.onkeyup=function () {
    appendText("onkeyup");
}
```

通过上述代码，在键盘上按任意键，实例效果如图 3-14 所示。

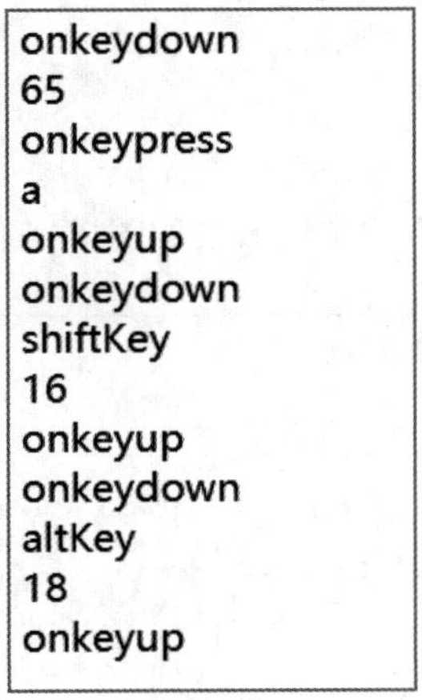

```
onkeydown
65
onkeypress
a
onkeyup
onkeydown
shiftKey
16
onkeyup
onkeydown
altKey
18
onkeyup
```

图 3-14　键盘事件实例效果图

2）文本事件示例

HTML 代码：

```
<body>
    <input type="text" id="myText">
</body>
```

JS 代码：

```
var textbox=document.getElementById("myText");
console.log("文本与键盘事件");
var EventUtil={
    addHandler: function (element, type, handler) { //添加事件
        if (element.addEventListener) {
```

```
            element.addEventListener(type, handler, false);
                                           //使用 DOM2 级方法添加事件
        } else if (element.attachEvent) {
            element.attachEvent("on"+type, handler); //使用 IE 低版本时要添加"on"方
法添加事件
        } else {
            element["on"+type]=handler; //使用 DOM0 级方法添加事件
        }
    },
    getEvent: function (event) {
        return event ? event : window.event;
    },
};
EventUtil.addHandler(textbox, "textInput", function (event) {
    event=EventUtil.getEvent(event);
    console.log("测试")
    console.log(event.data);
});
```

在文本框中输入字符串"hello"的实例效果如图 3-15 所示。

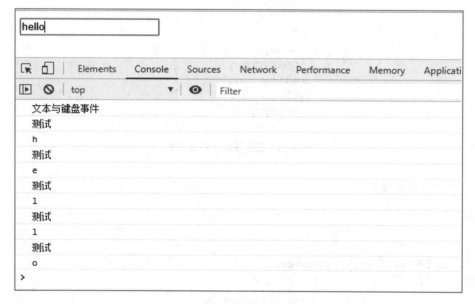

图 3-15   文本事件示例效果图

3.4.3   UI 与焦点事件

1. 事件信息列表

UI 与焦点事件信息如表 3-3 所示。

表 3-3 UI 与焦点事件信息表

UI 事件	说明
Abort	当用户在下载的过程中停止下载时，若嵌入的内容没有加载完毕，则在\<object\>元素上触发该事件
beforeunload	Window、document 及其资源即将被卸载时触发
Error	JS 发生错误时在 window 上触发；无法加载图像时在\<img\>元素上触发；无法加载内容时在\<object\>元素上触发；无法加载一个或多个框架时在框架上触发
load	页面完全加载后在 window 上触发；所有框架加载完后在框架集上触发；图像加载完后在\<img\>元素上触发；嵌入内容加载完后在\<object\>元素上触发
select	当用户选择文本框中的字符时触发
selectstart	当用户开始选择文本框中的内容时触发该事件
scroll	当用户滚动含滚动条的元素中内容时，在元素上触发该事件
resize	当窗口或框架的大小发生改变时在窗口或框架上触发
unload	页面完全卸载后在 window 上触发；所有框架卸载后在框架集上触发；嵌入内容卸载后在\<object\>元素上触发
焦点事件	说明
beforeeditfocus	当元素将要进入编辑状态前触发该事件
blur	在元素失去焦点时触发，所有浏览器都支持该事件
focus	在元素获得焦点时触发，所有浏览器都支持该事件
focusin	在元素获得焦点时触发，与 focus 等价，但该元素冒泡。支持这个事件的浏览器有 IE 5.5+、Safari 5.1+、Opera 11.5+和 Chrome
focusout	在元素失去焦点时触发，与 blur 事件通用，支持这个事件的浏览器有 IE5.5+、Safari 5.1+、Opera 11.5+和 Chrome

2. 实例

1）UI 事件实例

HTML 代码：

```
<body>
    <input type="text">
</body>
```

JS 代码：

```
var input=document.getElementsByTagName("input")[0]
input.onselect=function () {
    console.log("文本被选中了")
}
window.onresize=function () {
```

```
        console.log("窗口大小发生了改变！")
    }
    window.onscroll=function () {
        console.log("窗口滚动中")
    }
```

在文本框中输入"hello world"的实例效果如图 3-16 所示。

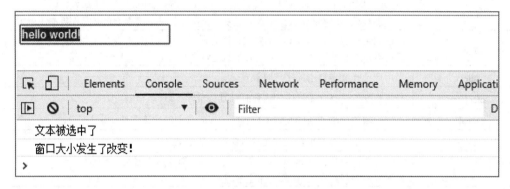

图 3-16　UI 事件示例效果图

2）焦点事件实例

HTML 代码：

```
<body>
    <input type="text" id="mytext" value="请输入内容..." />
    <input type="button" id="mybtn" value="全选" />
</body>
```

JS 代码：

```
var oText=document.getElementById('mytext');
oText.onfocus=function () {
    if (this.value=="请输入内容...") {
        this.value='';
    }
}
oText.onblur=function () {
    if (this.value=='') {
        this.value="请输入内容...";
    }
}
oText.focus();
var oBtn=document.getElementById('mybtn');
oBtn.onclick=function () {
```

```
    oText.select();
}
```

上述示例在 input 标签未获取焦点时的显示效果如图 3-17 所示。

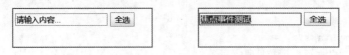

(a)焦点事件未获取焦点效果图　　　　(b) 焦点事件获取焦点效果图

图 3-17　input 标签未获取焦点时的显示效果图

当然 event 事件对象还包括其他很多事件类型，具体可参看相关电子资料。

3.5　内存与性能优化

通过 JavaScript 操作 DOM 节点文档时，会出现影响页面性能的问题。主要包括以下三种操作：

（1）访问或修改 DOM 元素；

（2）修改 DOM 元素样式时；

（3）对 DOM 元素的事件进行处理。

本节主要对由事件处理引起的页面性能问题做出总结与分析，在 JavaScript 中，事件处理程序中的每个对象都会占用一定的内存，页面上的事件处理程序数量将直接关系到页面的整体运行性能。内存中的对象越多，性能就越差。所以利用好事件处理程序对提升整体运行性能是至关重要的。事件委托可以解决事件处理程序过多的问题，移除事件处理程序可以有效解决内存与性能问题。

3.5.1　事件委托

事件委托可以解决"事件处理程序过多"的问题。事件委托采用事件冒泡，仅指定一个事件处理程序，来管理某一类型的所有事件。采用事件委托技术有以下三个优点：

（1）document 对象很快就能访问，可以在页面生命周期的任何时间点为它添加事件处理程序；

（2）在页面中设置事件处理程序所需的事件更少，只需添加一个事件处理程序，所需的 DOM 引用以及事件也更少；

（3）整个页面占用的内存空间更少，能够提升整体性能。

以 click 事件为例，click 事件会一直冒泡到 document 层次。首先，可以为整个页面指定一个 onclick 事件处理程序，不需为每个可单击的元素添加事件处理程序，示例如下：

```
<body>
    <ul id="myLinks">
        <li id="url1">跳转页面</li>
        <li id="alterTitle">修改标题</li>
        <li id="sayHello">问好</li>
    </ul>
</body>
```

其中，包含三个单击后会执行操作的列表项。如果不采用事件委托的方法，则需添加三个事件处理程序，JS 代码如下：

```
var item1=document.getElementById("url1");
var item2=document.getElementById("alterTitle");
var item3=document.getElementById("sayHello");
item1.onclick=function () {
    location.href="http://2080.zj-xx.cn/";
}
item2.onclick=function () {
    document.title="标题修改";
}
item3.onclick=function () {
    console.log("你好");
}
```

当鼠标单击"跳转页面"文本时，会跳转到"2080-教程"网站，当鼠标单击"修改标题"文本时，页面标题会更改，单击"问好"时，会输出"你好"，效果如图 3-18 所示。

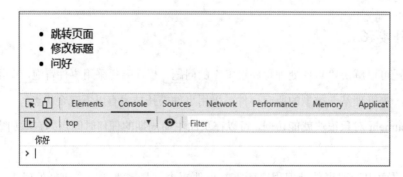

图 3-18　事件委托实例效果图

　　上面的实例相对来说还是比较简单的，若在复杂应用程序中，采取同样的方法对所有可单击的元素都添加事件处理程序，就会产生大量的事件处理程序，影响整体的运行性能。所以，就需要利用事件委托技术来解决这个问题。

```
var list=document.getElementById("myLinks");
EventUtil={
    addHandler: function (element, type, handler) { //添加事件
        if (element.addEventListener) {
            element.addEventListener(type,handler, false);//使用 DOM2 级方法添加事件
        } else if (element.attachEvent) { //使用 IE 低版本时要添加"on"方法添加事件
            element.attachEvent("on"+type, handler);
        } else {
            element["on"+type]=handler; //使用 DOM0 级方法添加事件
        }
    },
    getEvent: function (event) {
        return event ? event : window.event;
    },
    getTarget: function (event) {
        return event.target || event.srcElement;
    },
};
EventUtil.addHandler(list, "click", function (event) {
    event=EventUtil.getEvent(event);
    var target=EventUtil.getTarget(event);
    switch (target.id) {
        case "alterTitle":
            document.title="修改标题";
            break;
        case "url1":
            location.href="http://2080.zj-xx.cn/";
            break;
        case "sayHello":
            console.log("你好");
            break;
    }
});
```

　　在上面的代码中，使用事件委托只为<ul>元素添加一个 onclick 事件处理程序。与前面未使用事件委托的代码相比，这段代码的消耗更低，原因是只取一个 DOM 元素，添加一个事件处理程序即可，占用的内存更少。所以，用到按钮的事件都可以试着采用事件委托技术，有利于整体页面的运行性能。

3.5.2　移除事件处理程序

机器内存中有许多不会再使用的"空事件处理程序"，这些空事件处理程序会导致应用程序内存性能的问题。移除这些事件处理程序，是解决此问题的有效方案。

导致空事件处理程序的情况有两种，下面将介绍这两种情况。

（1）从文档中移除带有事件处理程序的元素时，示例如下：

```
<body>
  <div id="myDiv">
      <input type="button" value="测试按钮" id="myBtn">
  </div>
  <script type="text/javascript">
      var btn=document.getElementById("myBtn");
      btn.onclick=function () {
          //执行某些操作
          btn.onclick=null;  //移除事件处理程序
          document.getElementById("myDiv").innerHTML="处理中...";
      }
  </script>
</body>
```

单击"测试按钮"按钮后，页面显示如图 3-19 所示。

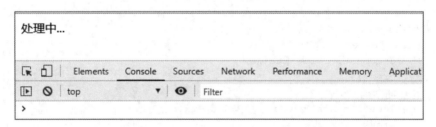

图 3-19　移除事件处理程序实例效果图

在上述的代码中，设置 innerHTML 属性之前，首先移除按钮的相关事件处理程序，这样就有效解决了"空事件处理程序"导致的应用程序内存性能的问题。

（2）页面卸载时。

有时由于在页面被卸载之前没有清除干净事件处理程序，导致它们会滞留在内存中，所以可以先通过 onunload 事件处理程序移除所有需清理的事件处理程序，同样也会有效解决应用程序中内存性能的问题。

【附件三】

为了方便您的学习，我们将该章节中的相关附件上传到所示的二维码，您可以自行扫码查看。

第 4 章　BOM

学习目标：

- BOM 对象
- window 对象
- location 对象
- navigator 对象
- screen 对象
- history 对象

JavaScript 包含 ECMAScript（JavaScript 标准规范）、DOM（文档对象模型）和 BOM（浏览器对象模型）三部分，前面介绍了 ECMAScript 和 DOM，本章将主要对浏览器的相关知识点进行总结，主要包括 window 对象、location 对象、navigator 对象、screen 对象以及 history 对象。

4.1　BOM 简介

BOM 是浏览器对象模型，可以使我们通过 JavaScript 来操作浏览器。BOM 为我们提供了一组对象，用来完成对浏览器的操作。BOM 主要有以下五个对象

（1）window 对象。

代表的是整个浏览器窗口，同时 window 也是网页中的全局对象。

（2）navigator 对象。

代表的是当前浏览器的基本信息，通过该对象可以识别不同的浏览器。

（3）location 对象。

代表当前浏览器的地址栏信息，通过 Location 对象可以获取地址栏信息，或者操作浏览器

跳转页面。

（4）history 对象。

代表浏览器的历史记录，可以通过该对象来操作浏览器的历史记录。

由于隐私原因，该对象不能获取具体的历史记录，只能操作浏览器向前或向后翻页，并且该操作只在当次访问有效。

（5）Screen 对象。

代表用户的屏幕信息，通过该对象可以获取到用户的显示器相关的信息。这些 BOM 对象在浏览器中都是作为 window 对象的属性进行保存的，可以通过 window 对象来调用，也可以直接来使用。

4.2　window 对象

BOM 的核心对象是 window 对象，表示浏览器的一个实例。在浏览器中，window 对象有双重角色，既是通过 Javascript 访问浏览器窗口的一个接口，又是 ECMAScript 规定的 Global 对象。

4.2.1　全局作用域

在客户端浏览器中，window 对象是访问 BOM 的接口，可以引用 document 对象的 document 属性，也可以引用自身的 self 属性等。同时 window 对象也为客户端 JavaScript 提供全局作用域。

由于 window 是全局对象，因此所有的全局变量都被解析为该对象的属性。

示例代码如下：

```
<script type="text/javascript">
    var age=18;//定义的全局变量和全局函数被自动归在 window 对象下
    function sayAge() {
        console.log(this.age);
    }
    console.log(window.age);//18
    sayAge();//18
    window.sayAge();//18
    //区别：全局变量不能通过 delete 操作删除
    //直接在 window 对象上定义的属性可以删除
    window.color='red';
```

```
        delete window.age;
        delete window.color;
        console.log(window.age);//18
        console.log(window.color);//undefined
</script>
```

示例效果如图 4-1 所示。

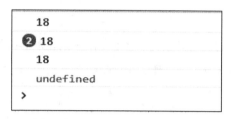

图 4-1　全局作用域实例效果图

在上述示例中，首先在全局作用域中定义一个变量 age 和一个函数 sayAge()，它们被自动归在 window 对象下。可以通过 window.age 访问变量 age，也可以通过 window.sayAge()访问函数 sayAge()。由于 sayAge()存在于全局作用域中，因此 this.age 被映射到 window.age，最终显示的仍是正确的结果。定义的全局变量与在 window 对象上直接定义属性的区别是：全局变量不能通过 delete 操作删除，直接在 window 对象上定义的属性可以删除。

4.2.2　窗口位置

1. 属性

窗口位置的相关属性如表 4-1 所示。

表 4-1　窗口位置相关属性

属性名称	描述
pageXoffset	设置或返回当前页面相对于窗口显示区左上角的 X 位置
pageYoffset	设置或返回当前页面相对于窗口显示区左上角的 Y 位置
screen	指向 Screen 对象，表示屏幕信息
screenLeft	返回从用户浏览器窗口的左侧边界到屏幕左侧的水平距离
screenTop	返回从用户浏览器视图的顶部边界到屏幕顶部的垂直距离
screenX	返回从用户浏览器窗口的左侧边界到屏幕左侧的水平距离
screenY	返回从用户浏览器视图的顶部边界到屏幕顶部的垂直距离

2. 方法

窗口位置的相关方法如表 4-2 所示。

表 4-2　窗口位置的相关方法

方法名	描述
moveBy()	可相对窗口的当前坐标把它移动指定的像素
moveTo()	把窗口的左上角移动到一个指定的坐标

使用窗口位置的属性和方法的示例如下：

```
<script>
    var leftPos=(typeof window.screenLeft=="number") ? window.screenLeft :
window.screenX;
    var topPos=(typeof window.screenTop=="number") ? window.screenTop :
window.screenY;
    console.log("获取窗口左边"+leftPos);          //524，相当于：window.screenLeft
    console.log("获取窗口上边的位置"+topPos);      //0，相当于：window.screenTop
    console.log(window.screenLeft);              //524
    console.log(window.screenX);                 //524
    console.log(window.screenTop);               //0
    console.log(window.screenY);                 //0
</script>
```

实例效果如图 4-2 所示。

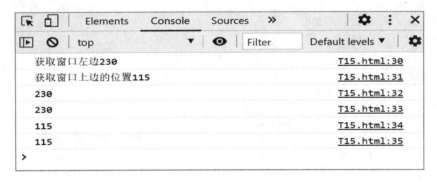

图 4-2　窗口位置实例效果图

4.2.3　窗口大小

1. 属性

窗口大小的相关属性如表 4-3 所示。

表 4-3　窗口大小的相关属性

属性名称	描述
innerheight	返回窗口的文档显示区的高度
innerwidth	返回窗口的文档显示区的宽度
outerheight	获取整个浏览器窗口的高度
outerwidth	属性是一个只读的整数，声明了整个窗口的宽度

2. 方法

窗口大小的相关方法如表 4-4 所示。

表 4-4　窗口大小的相关方法

方法名称	描述
resizeBy()	用于根据指定的像素来调整窗口的大小
resizeTo()	用于把窗口大小调整为指定的宽度和高度

使用窗口大小的属性和方法的示例如下：

```
var w=window.innerWidth || document.documentElement.clientWidth ||
document.body.clientWidth;
var h=window.innerHeight || document.documentElement.clientHeight ||
document.body.clientHeight;
console.log(w);
console.log(h);
window.resizeTo(200, 300);
window.resizeBy(400, 100);
```

实例效果如图 4-3 所示。

图 4-3　窗口大小实例效果图

【注意】

在 IE 浏览器中运行的窗口大小有变化，并能够输出窗口大小的值。但在谷歌浏览器中，窗口的大小不会发生变化。

4.2.4　导航和打开窗口

1. 属性

导航和打开窗口的相关属性如表 4-5 所示。

表 4-5　导航和打开窗口的相关属性

属性名称	描述
closed	返回窗口是否已被关闭
location	用于窗口或框架的 Location 对象

2. 方法

导航和打开窗口的相关方法如表 4-6 所示。

表 4-6　导航和打开窗口的相关方法

方法名称	描述
close()	关闭浏览器窗口
createPopup()	用来创建一个弹出窗口
open()	打开一个新的浏览器窗口或查找一个已命名的窗口

使用导航和打开窗口实现单击"打开窗口按钮"时，会跳转到"2080-教程"网站的示例代码如下：

```
<body>
    <input type="button" value="打开窗口"
onclick="window.open('http://2080.zj-xx.cn/');" />
    </body>
```

3. 间歇调用和超时调用

JavaScript 是单线程语言，允许通过设置超时值和间歇值使代码能够在特定的时刻执行。

超时调用是在指定的时间过后执行代码，间歇调用是指每隔指定的时间就执行一次代码。

1）超时调用

【语法】

```
setTimeout(code,millisec);
```

描述：

setTimeout()方法表示超时调用的作用是使原本能立即发生的事情推迟发生，在指定的毫秒数后调用函数或计算表达式。

参数：

code 表示要调用的函数或要执行的 JavaScript 代码；

millisec 表示在执行这个代码之前需要等待的毫秒数。

示例如下：

```
setTimeout(function () {
    console.log("hello");
}, 1000);
```

2）消除超时调用

【语法】

```
clearTimeout(id_of_setTimeout);
```

描述：

clearTimeout()方法表示消除超时调用时使超时调用失效的方法。

参数：

id_of_setTimeout 是指由 setTimeout()返回的 ID 值，该值表示要取消延迟执行的代码块。

3）间歇调用

【语法】

```
setInterval(code,millisec);
```

描述：

setInterval()方法表示间歇调用能够使原来只发生一次的事件，在间隔一定时间后自动发生。

参数：

code 表示要调用的函数或要执行的 JS 代码， millisec 表示通过周期性执行代码或调用函数的间隔时间。

示例如下：

```
setInterval(function () {
    console.log("hello");
},1000);
```

4）消除间歇调用

【语法】

```
clearInvertal(id_of_setTimeout);
```

描述：

clearInvertal()方法表示消除间歇调用时使间歇调用失效的方法。

参数：

id_of_setTimeout 指由 setInvertal 返回的 ID 值，该值表示要取消周期执行的代码块。

5）综合实例

使用 window 对象中的间歇超时调用的示例如下：

HTML 代码：

```html
<body>
  <style type="text/css">
      input {
          margin-top: 10px;
      }
  </style>
  <input type="button" value="测试弹出框" onclick="testAlert()" /></br>
  <input type="button" value="测试打开" onclick="testOpen()" /></br>
  <input type="button" value="确认" onclick="testConfirm()" /></br>
  <input type="button" value="间歇调用" onclick="testInterval()" /></br>
  <input type="button" value="超时调用" onclick="testTimeout()" /></br>
  <input type="button" value="清除间歇调用" onclick="clearInterval()" /></br>
  <input type="button" value="清除超时调用" onclick="clearTimeout()" /></br>
</body>
```

JS 代码：

```javascript
function testAlert() {
    console.log("测试 alert");
}
function testConfirm() {
    var flag;
    flag=window.confirm("你知道吗?", "知道", "不知道");
    if (flag)
        console.log("知道");
    else
        console.log("不知道");
}
function testOpen() {
```

```
        window.open("http://2080.zj-xx.cn/","_blank",
"height=400px,width=400px,left=10px");
    }
    var intervalID;
    function testInterval() {
        intervalID=window.setInterval("testOpen()", 2000); //2秒弹一个广告
        window.clearInterval(intervalID);
    }
    var timeoutID;
    function testTimeout() {
        timeoutID=window.setTimeout("testOpen()", 1000);
        window.clearTimeout(timeoutID);
    }
    function testPrompt() {
        var str;
        str=window.prompt("请输入您的电话号码：");
        console.log("您刚才输入了："+str);
    }
    function clearInterval() {
        window.clearInterval(intervalID);
    }
    function clearTimeout() {
        window.clearTimeout(timeoutID);
    }
```

实例效果如图 4-4 所示。

图 4-4　间歇超时调用实例效果图

4. 系统对话框

系统对话框的相关方法如表 4-7 所示。

表 4-7　系统对话框的相关方法

方法名称	描述
alert()	显示带有一段消息和一个确认按钮的警告框
confirm()	显示带有一段消息以及确认按钮和取消按钮的对话框
find()	返回通过测试（函数内判断）的数组的第一个元素的值
print()	打印当前窗口的内容
prompt()	功能：弹出提示用户输入的对话框 参数：第一个参数为提示框显示的内容，第二个参数为输入框内的默认值

使用系统对话框中的属性和方法的示例如下：

```
var user=prompt("请输入您的用户名");
if (!! user) {　//将输入信息转化为布尔值
    var ok=confirm ("您输入的用户名为：\n"+user+"\n 请确认！");　//确认输入信息
    if (ok) {
        console.log("欢迎您：\n"+user);
    } else {　//重新输入信息
        user=prompt ("请重新输入您的用户名：");
        console.log ("欢迎您：\n"+user);
    }
} else {　//提示输入信息
    user=prompt ("请输入您的用户名：");
}
```

实例效果如图 4-5、图 4-6、图 4-7 所示。

图 4-5　系统对话框实例效果图(1)

图 4-6 系统对话框实例效果图(2)

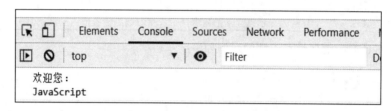

图 4-7 系统对话框实例效果图(3)

4.2.5 获取浏览器组件对象

浏览器组件对象包括 locationbar、menubar、scrollbars、toolbar、statusbar、personalbar 等对象，具体信息如表 4-8 所示。

表 4-8 浏览器组件对象表

对象名称	描述
locationbar	返回一个可以检查 visibility 属性的地址栏对象
menubar	返回一个可以检测 visibility 属性的菜单栏对象
personalbar	返回一个可以检测 visibility 属性的用户安装的个人工具栏对象
scrollbars	返回一个可以检测 visibility 属性的滚动条对象
statusbar	返回一个可以检测 visibility 属性的状态栏对象
toolbar	返回一个可以检测 visibility 属性工具栏对象

例如，获取浏览器组件对象的使用，代码如下：

```
<!DOCTYPE html>
<html>
<head>
  <title>Various DOM Tests</title>
  <script>
```

```
        // locationbar
        var visible=window.locationbar.visible;
        // menubar
        var visible=window.menubar.visible;
        //personalbar
        netscape.security.PrivilegeManager.enablePrivilege
("UniversalBrowserWrite");
        window.personalbar.visible=!window.personalbar.visible;
        // scrollbars
        var visibleScrollbars=window.scrollbars.visible;
        // statusbar
        netscape.security.PrivilegeManager.enablePrivilege
("UniversalBrowserWrite");
        window.statusbar.visible=!window.statusbar.visible;
        // toolbar
        netscape.security.PrivilegeManager.enablePrivilege
("UniversalBrowserWrite");
        window.toolbar.visible=!window.toolbar.visible;
    </script>
  </head>
  <body>
   <p>Various DOM Tests</p>
  </body>
  </html>
```

运行上述代码需要注意，只有在 IE 浏览器中才能显示运行效果。

4.2.6　Cookie

Cookie 用于存储 Web 页面的用户信息，由于这些信息以文本文件的形式存储在计算机硬盘上，因此在计算机关闭后，也可以进行访问。Cookie 的数据记录中包含五个可变长度的字段，具体如下。

（1）Expires：表示 Cookie 过期的日期；

（2）Domain：表示网站域名；

（3）Path：用于设置 Cookie 的目录或网页的路径；

（4）Secure：若该字段包含"secure"，则通过安全服务器检索 cookie，若该字段为空，则不存在此类限制；

（5）Name=Value：以键值对的形式设置和检索 Cookie。

Cookie 可用于身份验证、会话跟踪、记录用户的具体信息等，如姓名、密码、上次访问日期。JavaScript 可以使用文档对象的 Cookie 属性来操作 Cookie，可以创建、读取、修改和删除当前 Web 页面的 Cookie。

1. 创建 Cookie

在下面的示例中，将提示用户输入自己的姓名，然后将用户信息写入系统的 cookie 中，使用代码如下：

```
<body>
  <form action="" name="orderForm">
     Enter your name:<input type="TEXT" name="nameField" />
     <input type="BUTTON" value="Write Cookie" onClick="writeCookie()" />
  </form>
  <script language=javascript type="text/javascript">
     function writeCookie() {
        var name=document.orderForm.nameField.value; // 获取用户姓名
        document.cookie="yourName="+name; // 创建 cookie
     }
  </script>
</body>
```

2. 读取 Cookie

例如，读取 Cookie 的使用代码如下：

```
<body>
  <form action="" name="orderForm">
     Enter your name:<input type="TEXT" name="nameField" />
     <input type="BUTTON" value="Write Cookie" onClick="writeCookie()" />
     <input type="BUTTON" value="Read Cookie" onClick="readCookie()" />
  </form>
  <script language=javascript type="text/javascript">
     function writeCookie() {
        var name=document.orderForm.nameField.value;
        document.cookie="yourName="+name;
     }
     function readCookie() {
        if (document.cookie!="") //make sure the cookie exists
        {
           var yourName=document.cookie.split("=")[1];
           //Get the value from the name=value pair
           document.write("Hello, "+yourName);
        }
     }
  </script>
</body>
```

上述代码需要使用服务器的方式访问页面，不能使用绝对路径，否则不显示运行效果。

3. 修改 Cookie

修改 Cookie 的方式与创建 Cookie 有些相似，即改变现有的 Cookie 参数的值，旧的 Cookie 将会被覆盖，示例如下：

```
document.cookie="username=John Smith; expires=Thu, 18 Dec 2043 12:00:00 GMT;
path=/";
```

4. 删除 Cookie

从用户系统中删除 Cookie 的方法是将 Cookie 的过期日期设置为已经过期的日期。删除 Cookie 的示例如下：

```
var expirationDate=new Date;
expirationDate.setMonth(expirationDate.getMonth()-1);
document.cookie="yourName=expired; expires="+expirationDate.toGMTString();
```

4.2.7　其他属性和方法

1. 属性

其他相关属性如表 4-9 所示。

表 4-9　其他相关属性

属性名称	描述
console	指向 console 对象，用于操作控制台
defaultStatus	设置或返回窗口状态栏中的默认文本。该属性可读可写
document	返回对窗口包含的文档的引用
history	指向 History 对象，表示浏览器的浏览历史
length	设置或返回窗口中的框架数量
localStorage	指向本地储存的 localStorage 数据
name	设置或返回窗口的名称
navigator	指向 Navigator 对象，用于获取环境信息
opener	返回对创建窗口的引用
parent	返回父窗口
scrollX	返回文档在页面水平方向滚动的像素值
scrollY	返回文档在垂直方向已滚动的像素值
self	返回对窗口对象本身的对象引用
sessionStorage	指向本地储存的 sessionStorage 数据

续表

属性名称	描述
Status	设置窗口状态栏的文本
top	返回对窗口层次结构中最顶层窗口的引用

2. 方法

其他相关方法如表 4-10 所示。

表 4-10　其他相关方法

方法名称	描述
atob()	解码一个 base-64 编码的字符串
assert()	如果第一个参数为 false，则将消息和堆栈跟踪记录到控制台
blur()	把键盘焦点从顶层窗口移开
btoa()	编码一个 base-64 字符串
clear()	清空控制台
count()	用给定的标签记录这一行被调用的次数
countReset()	用给定的标签重置计数器的值
debug()	将一条消息输出到日志级别为"debug"的控制台
dir()	显示指定 JavaScript 对象的交互式属性列表
dirxml()	显示指定 XML/HTML 元素的子代元素的交互式树
error()	输出错误信息
focus()	把键盘焦点给予一个窗口
group()	创建一个新的内联组，将后面的输出缩进另一个级别。若要回到某个级别，调用 groupEnd()方法
getComputedStyle()	获取计算当前元素的 CSS 样式
getSelection()	返回一个选择对象，该对象表示用户选择的文本范围
groupCollapsed()	创建一个新的内联组，将后面的输出缩进另一个级别。与 group() 不同的是，它从内联组折叠开始，需要使用按钮来展开它
groupEnd()	退出当前内联组
info()	将信息输出到 Web 控制台
matchMedia()	返回一个 MediaQueryList 对象，该对象表示指定的 CSS 媒体查询字符串
profile()	启动浏览器的内置分析器
profileEnd()	停止分析器
scrollBy()	按照指定的像素值来滚动内容
scrollTo()	把内容滚动到指定的坐标

方法名称	描述
stop()	停止窗口加载
table()	将表格数据显示为表格形式
time()	使用指定的名称作为输入参数启动计时器
timeEnd()	停止指定计时器，并记录自启动以来经过的时间(以秒为单位)
timeLog()	将指定计时器的值记录到控制台中
timeStamp()	在浏览器的时间轴或瀑布式工具中添加标记
trace()	输出堆栈跟踪
warn()	输出警告消息

4.3　location 对象

location 对象可用于获取当前页面的地址（URL），可以把浏览器重定向到指定的新页面。location 对象是 Window 对象的一个部分，可以通过 window.location 属性来访问。

4.3.1　属性

location 对象的属性如表 4-11 所示。

表 4-11　location 对象的属性

属性名称	描述
hash	返回一个 URL 的锚部分
host	返回一个 URL 的主机名和端口
hostname	返回 URL 的主机名
href	返回完整的 URL
origin	返回 URL 的协议、主机名和端口号
password	返回域名前面的密码
pathname	返回的 URL 路径名
port	返回一个 URL 服务器使用的端口号
protocol	返回一个 URL 协议
search	返回一个 URL 的查询部分
username	返回域名前面的用户名

4.3.2　方法

location 对象的方法如表 4-12 所示。

表 4-12　**location 对象的方法**

方法名称	描述
assign()	载入一个新的文档
replace()	重新载入当前文档
reload()	用新的文档替换当前文档
toString()	返回整个 URL 字符串

4.3.3　应用实例

```
location.href="http://www.20-80.cn";
//获取地址栏上及后面的内容
console.log(window.location.hash);
//获取主机名及端口号
console.log(window.location.host);
//获取主机名
console.log(window.location.hostname);
//获取文件的路径—相对路径
console.log(window.location.pathname);
//获取端口号
console.log(window.location.protocal);
//获取协议
console.log(window.location.search);
window.location.reload();                    //刷新
window.location.reload(true);                //强制刷新
```

4.4　navigator 对象

navigator 对象表示浏览器当前的信息，通过 Navigator 对象可以获取用户当前使用的是什么浏览器。

4.4.1　属性

navigator 对象的属性如表 4-13 所示。

表 4-13 navigator 对象的属性

属性名称	描述
activeVRDisplays	返回包含当前呈现的每个 VRDisplay 对象的数组
appCodeName	返回浏览器的代码名
appMinorVersion	返回浏览器的次要版本
appName	返回浏览器的名称
appVersion	返回浏览器的平台和版本信息
battery	返回一个电池管理器对象,可用于获取电池充电状态的信息
buildID	返回编译版本号
connection	提供一个 NetworkInformation 对象,该对象包含有关设备的网络连接信息
cookieEnabled	返回表示浏览器中是否启用 Cookie 的布尔值
cpuClass	返回浏览器系统的 CPU 等级
credentials	返回 CredentialsContainer 接口,该接口公开请求凭证的方法,并在发生相应事件时通知用户代理
deviceMemory	返回设备内存量(以 Gb 为单位)
doNotTrack	返回用户的 "不跟踪" 偏好值
geolocation	返回允许访问设备位置的对象
hardwareConcurrency	返回设备的处理器核数
javaEnabled	确定浏览器中是否启用了 Java
language	返回一个表示用户首选语言的 DOMString,通常是浏览器 UI 的语言
languages	返回所有浏览器首选语言的数组
locks	返回一个 LockManager 对象,该对象提供请求新 lock 对象和查询现有 lock 对象的方法
keyboard	返回一个键盘对象,该对象提供对检索键盘布局映射和切换捕获物理键盘按键的函数的访问
maxTouchPoints	返回当前设备同时所支持的接触点的最大数目
mediaCapabilities	返回 MediaCapabilities 对象,该对象可以提供关于给定格式和输出能力的解码和编码能力的信息
mediaDevices	MediaDevices 返回一个引用对象,然后可以被用来获取媒体信息设备
mediaSession	返回 MediaSession 对象,该对象可用于提供元数据,浏览器可使用元数据向用户显示当前播放的媒体的信息
mimeType	描述消息内容类型的互联网标准
mozSocial	可以在社交媒体提供商的面板中提供可能需要的功能
onLine	返回一个布尔值,表示浏览器是否在线工作
opsProfile	返回一个 COpsProfile 对象
oscpu	返回表示当前操作系统的字符串
permissions	返回权限对象,该对象可用于查询和更新权限 API 所覆盖的 API 的权限状态
platform	返回运行浏览器的操作系统平台

属性名称	描述
plugins	返回一个 Plugin 数组，其中列出了浏览器中安装的插件
presentation	返回表示对 API 的引用
product	在任何浏览器都返回 "Gecko"
productSub	返回当前浏览器的编译版本号
securityPolicy	返回一个空字符串
serviceWorker	返回 ServiceWorkerContainer 对象，该对象提供对相关文档的 ServiceWorker 对象的注册、删除、升级和通信
standalone	返回一个布尔值，表示浏览器是否在独立模式下运行
storage	返回 StorageManager 对象与存储 API 交互
storageQuota	返回一个 StorageQuota 接口，该接口提供查询和请求存储使用情况和配额信息的方法
systemLanguage	可返回操作系统使用的默认语言
userAgent	是一个只读的字符串，声明浏览器用于 HTTP 请求的用户代理头的值
userLanguage	返回操作系统的自然语言设置
userProfile	返回 OS 的自然语言设置
vendor	返回当前所使用浏览器的浏览器供应商的名称
vendorSub	返回浏览器供应商版本号
webdriver	表示用户代理是否为自动化控制
webkitPointer	为鼠标锁 API 返回一个 PointerLock 对象
xr	返回 XR 对象，它表示进入 WebXR API 的入口点

4.4.2 方法

navigator 对象的方法如表 4-14 所示。

表 4-14 navigator 对象的方法

方法名称	描述
canShare()	如果成功调用 Navigator.share()，则返回 true
getVRDisplays()	表示连接到计算机的任何可用的 VR 显示器
getUserMedia()	在提示用户获得许可后，返回与本地计算机上的摄像机或麦克风相关联的音频或视频流
javaEnabled()	指定是否在浏览器中启用 Java
mozIsLocallyAvailable()	检查给定 URI 上的文档是否在不使用网络的情况下可用
mozPay()	允许应用内支付

方法名称	描述
preference()	允许一个已标识的脚本获取并设置特定的 Navigator 参数
registerContentHandler()	允许 Web 站点将自己注册为给定 MIME 类型的可能处理程序
registerProtocolHandler()	允许 Web 站点将自己注册为给定协议的可能处理程序。
requestMediaKeySystemAccess()	返回 MediaKeySystemAccess 对象的 Promise
sendBeacon()	使用 HTTP 将少量数据从用户代理异步传输到 Web 服务器
share()	调用当前平台的本机共享机制
taintEnabled()	规定浏览器是否启用数据污点(data tainting)
vibrate()	在有支撑的设备上引起振动

4.4.3　应用实例

使用 navigator 对象的属性和方法，使用代码如下：

```
<body>
    <div id="example"></div>
    <script>
        txt="<p>Browser CodeName: "+navigator.appCodeName+"</p>";
        txt+="<p>Browser Name: "+navigator.appName+"</p>";
        txt+="<p>Browser Version: "+navigator.appVersion+"</p>";
        txt+="<p>Cookies Enabled: "+navigator.cookieEnabled+"</p>";
        txt+="<p>Platform: "+navigator.platform+"</p>";
        txt+="<p>User-agent header: "+navigator.userAgent+"</p>";
        txt+="<p>User-agent language: "+navigator.systemLanguage+"</p>";
        document.getElementById("example").innerHTML=txt;
    </script>
</body>
```

实例效果如图 4-8 所示。

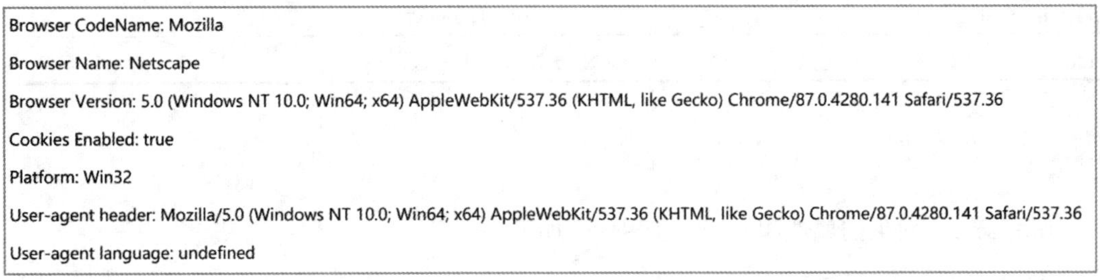

Browser CodeName: Mozilla

Browser Name: Netscape

Browser Version: 5.0 (Windows NT 10.0; Win64; x64) AppleWebKit/537.36 (KHTML, like Gecko) Chrome/87.0.4280.141 Safari/537.36

Cookies Enabled: true

Platform: Win32

User-agent header: Mozilla/5.0 (Windows NT 10.0; Win64; x64) AppleWebKit/537.36 (KHTML, like Gecko) Chrome/87.0.4280.141 Safari/537.36

User-agent language: undefined

图 4-8　navigator 对象实例效果图

4.5 screen 对象

screen 对象中存放的是浏览器屏幕的显示信息。JavaScript 程序将利用这些信息优化它们的输出，以达到用户的显示要求。

4.5.1 属性

screen 对象的属性如表 4-15 所示。

表 4-15 screen 对象的属性

属性名称	描述
availHeight	返回显示屏幕的高度
availLeft	未被系统部件占用的最左侧的像素值
availTop	未被系统部件占用的最上方的像素值
availWidth	返回显示屏幕的宽度
bufferDepth	读、写用于呈现屏外位图的位数
colorDepth	返回目标设备或缓冲器上的调色板的比特深度
deviceXDPI	返回显示屏幕的每英寸水平点数
deviceYDPI	返回显示屏幕的每英寸垂直点数
fontSmoothingEnabled	返回用户是否在显示控制面板中启用了字体平滑
height	返回显示屏幕的高度
left	当前屏幕距左边的像素距离
logicalXDPI	返回显示屏幕每英寸的水平方向的常规点数
logicalYDPI	返回显示屏幕每英寸的垂直方向的常规点数
orientation	返回一个对象，表示屏幕的方向
pixelDepth	返回显示屏幕的颜色分辨率（比特每像素）
top	当前屏幕距上边的像素距离
updateInterval	设置或返回屏幕的刷新率
width	返回显示器屏幕的宽度

4.5.2 应用实例

使用 screen 对象的属性和方法，使用代码如下。

HTML 代码：

```html
<body>
    <input type="button"  onclick="AvailHeight()"
        value="availHeight 返回显示屏幕的高度（除 Windows 任务栏之外）。">
    <p id="availheight"></p>
    <input type="button" value="bufferDepth 设置或返回调色板的比特深度。"
onclick="BufferDepth()">
    <p id="bufferdepth"></p>
    <input type="button" value="height 返回显示屏幕的高度。" onclick="Height()">
    <p id="height"></p>
</body>
```

CSS 代码:

```css
body {
    margin: 0;
    padding: 0;
}

input {
    margin-left: 50px;
    margin-top: 10px;
    display: block;
    font-size: 20px;
}

p {
    margin-left: 50px;
    font-size: 20px;
}
```

JS 代码:

```js
function AvailHeight() {
    document.getElementById('availheight').innerHTML=screen.availHeight;
}
function BufferDepth() {
    document.getElementById('bufferdepth').innerHTML=screen.bufferDepth;
}
function Height() {
    document.getElementById('height').innerHTML=screen.height;
}
```

实例效果如图 4-9 所示。

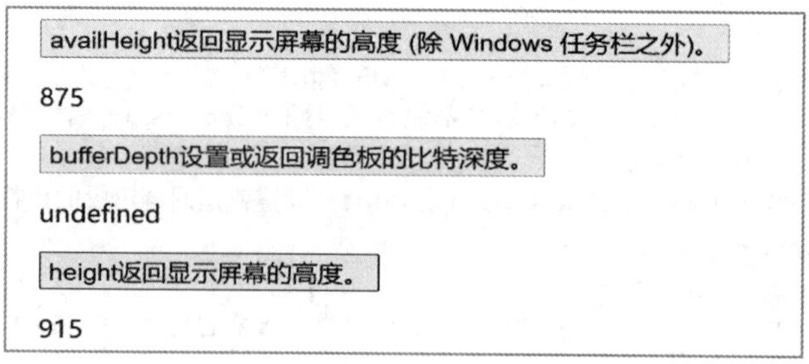

图 4-9　screen 对象实例效果图

4.6　history 对象

window.history 属性指向 History 对象，表示当前窗口的浏览历史。History 对象保存了当前窗口访问过的所有页面网址。

4.6.1　属性

History 对象的属性如表 4-16 所示。

表 4-16　History 对象的属性

属性名称	描述
length	当前窗口访问过的网址数量（包括当前网页）
status	History 堆栈最上层的状态值

4.6.2　方法

History 对象的方法如表 4-17 所示。

表 4-17　History 对象的方法

方法名称	描述
back()	移动到上一个网址，等同于单击浏览器的后退键
forward()	移动到下一个网址，等同于单击浏览器的前进键
go()	接收一个整数作为参数，以当前网址为基准，移动到指定参数的网址
pushState()	浏览器会记录 pushState 的历史记录，可以使用浏览器的前进、后退功能
replaceState()	replaceState 仅修改对应的历史记录，不会加入历史记录里面

4.6.3　应用实例

使用 history 对象的属性和方法可实现页面的跳转，当单击"history"按钮时，会跳转到"2080-教程"网站。

```
function buttonGoClick() {
    location.href="http://2080.zj-xx.cn/";
    setTimeout(function () {
        location.replace("http://2080.zj-xx.cn/");
    }, 1000);
    history.go(1);
    history.forward();
    history.go(2);
}
```

上述代码的运行效果如图 4-10 所示。

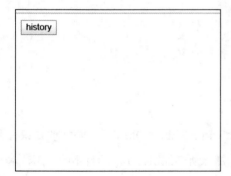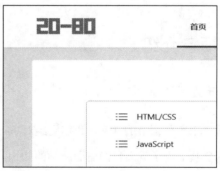

图 4-10　history 对象实例效果图

【附件四】

为了方便您的学习，我们将该章节中的相关附件上传到所示的二维码，您可以自行扫码查看。

第 5 章　飞机大战前端项目开发

学习目标：

- 利用原生的 JavaScript 的知识来完成飞机大战游戏的前端页面

本章我们将以具体的实战项目为例，利用原生的 JavaScript 的知识来完成前端页面的飞机大战游戏开发。

5.1　项目介绍

5.1.1　开发背景

通过本书前面章节的学习，我们已经对 JavaScript 基础、DOM 以及 BOM 的知识有了深刻的了解和掌握。为了巩固我们前面所学的知识，加深所学知识在实战项目中的应用，本书提供一个网站的前端开发实战项目——飞机大战。

5.1.2　开发要求

本次测评是一个简易的飞机大战网页游戏开发。该游戏是利用原生的 JavaScript 的知识开发的一款基于网页的飞行射击类游戏。

项目提供 image 图片素材。

5.1.3　环境配置要求

Visual Studio Code、Google Chrome、winRAR、画图等软件。

5.2　项目要求

5.2.1　游戏规则

单击"开始"菜单,使用自己的飞机发射子弹击毁敌方飞机,击毁一架白色飞机得 10 分,击毁一架蓝色飞机得 20 分,击毁一架红色飞机得 30 分。若任一架敌方飞机飞出游戏区未被击毁,则扣除飞出敌方飞机 5 倍的分值(例如,飞出一架白色飞机,则扣除 10×5=50 分)。如果游戏开始后玩家分数低于 0 分,则游戏结束。本游戏根据飞行时间的多少来判定玩家此次游戏的段位。

具体段位判定规则如下:

- 时间小于或等于 30 秒,段位为"倔强青铜";
- 时间大于 30 秒且小于或等于 60 秒,段位为"秩序白银";
- 时间大于 60 秒且小于或等于 120 秒,段位为"荣耀黄金";
- 时间大于 120 秒且小于或等于 240 秒,段位为"尊贵铂金";
- 时间大于 240 秒且小于或等于 480 秒,段位为"永恒钻石";
- 时间大于 480 秒,段位为"最强王者"。

5.2.2　游戏界面布局

页面背景为线性渐变填充,填充颜色由黄绿色(#A3D900)渐变为青蓝色(#63B8D3)。页面中部为游戏区域,包括游戏背景、游戏分数、飞行时间、己方飞机、敌机等内容。页面右侧为"游戏介绍"信息。页面布局应能够根据浏览器窗口宽度自适应变化,满足在从 1024×768 到 1440×900 分辨率下正确显示。页面样式和布局必须和截图一致,否则将根据评分标准扣除相应分数。

1. 游戏开始界面截图

游戏开始界面截图如图 5-1 所示。

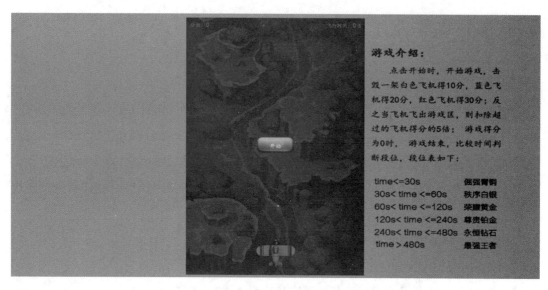

图 5-1　游戏开始界面图

2. 游戏中正常飞行截图

游戏中正常飞行截图如图 5-2 所示。

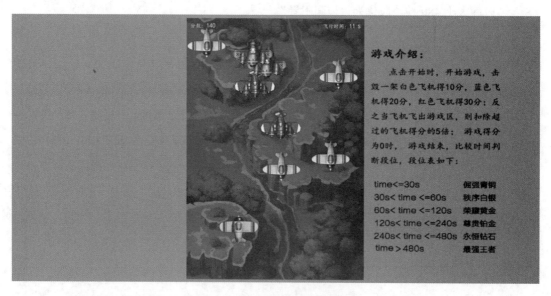

图 5-2　游戏进行中飞行效果图

3. 游戏中击毁敌机截图

游戏中击毁敌机截图如图 5-3 所示。

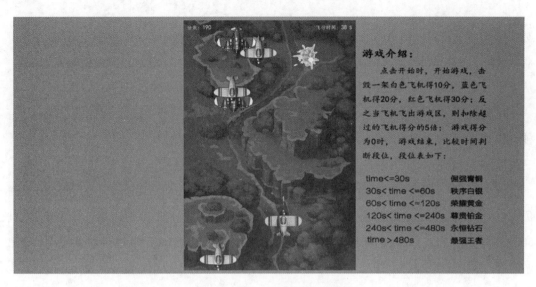

图 5-3　游戏中击毁敌机效果图

4. 游戏结束截图

游戏结束截图如图 5-4 所示。

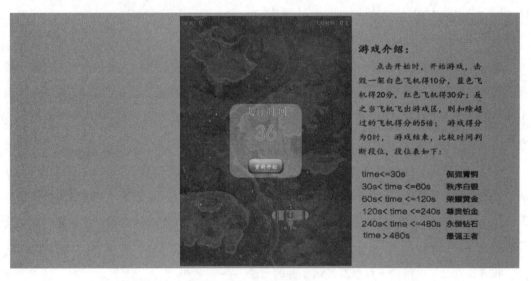

图 5-4　游戏结束效果图

5.2.3　游戏逻辑实现

单击游戏开始界面中的"开始"按钮，就能够正常开始游戏。当鼠标指针移入游戏区域时，玩家能够使用鼠标让飞机在游戏区域内上下左右进行移动(己方飞机的移动必须由鼠标来控制）。在游戏区域内可以通过点击鼠标来发射子弹，每点击一次发射一颗子弹。当鼠标离开游戏区域时，鼠标不再控制飞机移动，并且点击时不能发射子弹。子弹从己方飞机机头处出现，从下向上匀速运动，每 10 ms（毫秒）移动一次，每次移动 5 px（像素）。

敌机从游戏区域顶部出现，由上向下匀速运动，800 ms（毫秒）创建一架敌机，30 ms（毫秒）移动一次，每次移动 1 px（像素）。敌机包含白色飞机、蓝色飞机、红色飞机三种类型，三种敌机随机出现。当子弹打中敌机时，敌机会有爆炸效果，之后消失。

游戏区域右上角为游戏时间总秒数，每秒自增 1 s（秒）；左上角为游戏分数，击毁一架白色飞机加 10 分，击毁一架蓝色飞机加 20 分，击毁一架红色飞机加 30 分。每当玩家得分超过 500 分时，分数归 0（此时把玩家得分重新变为 0 分，但不影响游戏正常运行）。如果敌机飞出游戏区，则扣除飞出敌方飞机 5 倍的分值。当游戏分数为 0 分及以下时游戏结束，并根据游戏时间判定当前段位。游戏结束时遮罩再次显示，结束面板显示如游戏结束示例截图。游戏结束时必须有"重新开始"按钮，单击后分数和时间清零，且能再次开始游戏。游戏段位具体判定规则见"游戏规则"内容。

5.3 项目功能实现（方法一）

根据上节中游戏逻辑进而分析本项目功能的实现，首先需完成整个界面的布局，在整个游戏过程中，使用的对象有 1 个游戏对象、1 个我方飞机对象、多个敌方飞机以及子弹对象。由于需要多个敌方飞机以及多个子弹对象，所以敌方飞机和子弹需要创建类，进而实例化多个敌方飞机对象以及多个子弹对象。

游戏对象中需要包含游戏时间、游戏分值、子弹数组以及敌机数组等属性，并包含以下方法：开始游戏、结束游戏、每隔 800 ms 创建一架敌机、每隔 10 ms 记录一次所有敌机位置、每隔 10 ms 记录一次所有敌机位置、判断是否有爆炸产生、时间的每秒自增以及计算游戏分值等。

我方飞机对象中包含飞行以及发送子弹的方法。

由于敌方飞机在游戏过程中无法确定具体有多少个对象，故通过类来实例化对象。本项目的实现是创建敌方飞机的构造函数，构造函数中有敌方飞机的 id、颜色、left、top、分值等属性。在敌方飞机构造函数的原型上添加敌机飞行，判断敌机是否被击中的方法。

在游戏过程中，我方飞机会发射子弹，而发射的子弹个数无法确定，每发射一颗子弹，通过类来实例化一个子弹对象。创建子弹的构造函数，构造函数中有子弹的 id、left、top 等属性。

在子弹构造函数的原型上添加子弹飞行和消失的方法。

接下来将对主要功能的实现进行讲解。

5.3.1　界面布局

本项目游戏主界面的布局效果如图 5-5 所示。

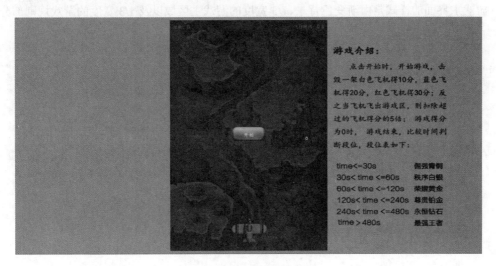

图 5-5　游戏主界面效果图

游戏主界面主要包括渐变背景、游戏主区域、游戏规则介绍等部分构成，盒子模型如图 5-6 所示。

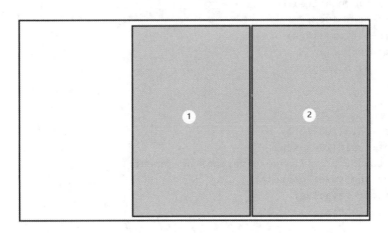

图 5-6　游戏主界面盒子模型图

HTML 代码如下：

```html
<div class="gameBody">
    <div class="gameRule"></div>
    <div class="gameArea">…</div>
</div>
```

游戏主界面的样式是由渐变色背景、1/3 宽度的游戏主区域以及 1/3 宽度的游戏规则部分构成，具体 CSS 代码如下：

```css
html,body{
    margin: 0px;
    width: 100%;
    height: 100%;
    font-family: KaiTi;
}

.gameBody{
    width: 100%;
    height: 100%;
    background:linear-gradient(to right,#A3D900,#63B8D3);
}

.gameArea{
    width: calc(100%/3);
    height: calc(100%-20px);
    background: url(./image/bg.jpg) no-repeat;
    background-size: cover;
    position: relative;
    margin-top: 10px;
    margin-bottom: 10px;
    float: right;
    overflow: hidden;
}

.gameRule{
    width: calc(100%/3);
    height: calc(100%-40px);
    background: url(./image/give.png) no-repeat;
    background-size: contain;
    position: relative;
    float: right;
}
```

其中，游戏主区域的初始效果如图 5-7 所示。

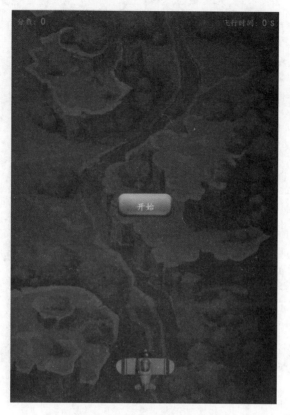

图 5-7　游戏主区域初始效果图

　　游戏主区域初始效果图主要包含背景、分数、飞行时间、开始按钮、遮罩层、我方飞机等。

　　HTML 代码如下：

```
<div class="gameArea">
  <div class="gamescore">
     <span>分数:</span>
     <span class="scoreNum">o</span>
  </div>
  <div class="gameTime">
     <span>飞行时间:</span>
     <span class="timeNum">o</ span>
     <span>s</span>
  </div>
  <div class="myAircraft" id="myAircraft"></div>
  <div class="shadow">
      <div onclick="startGame()" class="gamebtn">开始</div>
  </div>
</div>
```

具体 CSS 代码如下：

```css
.gameScore{
    color: yellow;
    font-size: 14px;
    margin: 10px;
    float: left;
}

.scoreNum{
    font-size: 16px;
}

.gameTime{
    color:white;
    font-size: 14px;
    margin: 10px;
    float: right;
}

.timeNum{
    font-size: 16px;
}

.myAircraft{
    width: 106px;
    height: 76px;
    background:url(./image/me.png) no-repeat;
    background-size: contain;
    position: absolute;
    bottom: 20px;
    left: calc(50%-53px);
    pointer-events: none;
}

.shadow{
    width: 100%;
    height: 100%;
    background-color: rgba(0, 0, 0, 0.4);
    position: absolute;
    top: 0px;
    left: 0px;
    display: flex;
    justify-content: center;
    align-items: center;
}
```

```
.gamebtn{
    width: 100px;
    height: 50px;
    background:url(./image/play.png) no-repeat;
    background-size: contain;
    color: white;
    line-height: 50px;
    margin: 0 auto;
    text-align: center;
    cursor: pointer;
}
```

在游戏开始后，会出现敌机、我方飞机发射子弹以及子弹击中敌机等效果，如图 5-8 所示。

图 5-8　游戏进行中效果图

HTML 代码如下：

```
<div class="gameArea">
    <!--<div class="enemyAircraft e1" id="myAircrafte1"></div>
    <div class="enemyAircraft e2" id="myAircrafte2"></div>
    <div class="enemyAircraft e3" id="myAircrafte3"></div>
    <div class="bullet" id="bullet"></div>-->
</div>
```

具体 CSS 代码如下：

```css
.enemyAircraft{
    width: 110px;
    height: 80px;
    position: absolute;
    pointer-events: none;
}

.e1{
    background:url(./image/e1.png) no-repeat;
    background-size: contain;
    left: 10px;
}

.e2{
    background:url(./image/e2.png) no-repeat;
    background-size: contain;
    left: 130px;
}

.e3{
    background:url(./image/e3.png) no-repeat;
    background-size: contain;
    left: 260px;
}

.bullet{
    width: 10px;
    height: 35px;
    background: url(./image/b.png) no-repeat;
    background-size: contain;
    top: 400px;
    left: 100px;
    position: absolute;
}
```

游戏结束时遮罩再次显示，结束面板显示如游戏结束示例截图。游戏结束时必须有"重新开始"按钮，单击后分数和时间清零，且能再次开始游戏。游戏段位具体判定规则见"游戏规则"内容。效果图如图 5-9 所示。

图 5-9　游戏结束效果图

HTML 代码如下：

```
<div class="shadow">
    <div class="shadowCenter">
        <div class="flyTime">飞行时间</div>
        <div class="flyTimeNum">0</div>
        <div class="rank">最强王者</div>
        <div onclick="startGame()" class="gamebtn">重新开始</div>
    </div>
</div>
```

具体 CSS 代码如下：

```
.shadowCenter{
    width: 200px;
    height: 200px;
    background-color: rgba(255, 255, 255, 0.4);
```

```
    border-radius: 25px;
    flex-direction: column;
    justify-content: space-around;
    display: none;
}

.flyTime {
    margin: 0 auto;
    font-size: 30px;
    color: yellow;
    font-weight: bold;
    -webkit-text-stroke: 0.6px black;
}

.flyTimeNum {
    margin: 0 auto;
    font-size: 60px;
    color: #00cd00;
    -webkit-text-stroke: 0.6px yellow;
}

.rank {
    margin: 0 auto;
    font-size: 20px;
    color: #a759d4;
}
```

5.3.2 我方飞机

在游戏开始后，我方飞机可以飞行和发射子弹。在 JS 代码中，创建我方飞机对象，该对象包含我方飞机飞行和发射子弹的方法。

实现我方飞机能够飞行的方法，首先是在游戏区域内我方飞机能随着鼠标的移动而移动，所以我方飞机飞行的方法需要接收鼠标在游戏区域移动时的坐标，并且我方飞机不能飞离游戏区域外，故鼠标在图 5-10 中的飞机随鼠标可移动区域时我方飞机才会随着移动。

我方飞机随着鼠标移动时，即我方飞机飞行时，鼠标光标始终在我方飞机中心位置，在捕捉 mousemove 事件的函数中，鼠标的 X、Y 坐标作为参数传入我方飞机飞行的方法中，我方飞机飞行方法根据传入的参数确定我方飞机的 left 和 top 属性值，进而能够实现我方飞机随鼠标移动且鼠标光标始终在我方飞机中心位置。我方飞机与鼠标光标的位置关系如图 5-11 所示。

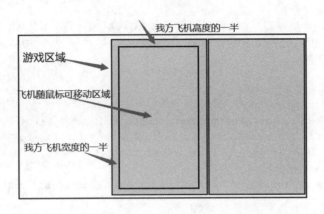

图 5-10　我方飞机随鼠标可移动区域图

我方飞机在游戏过程中可以发射子弹，当我方飞机发射一颗子弹时，子弹的初始位置在我方飞机的顶部且水平居中位置。如图 5-11 所示，鼠标光标在我方飞机的中心位置，所以发射子弹时，子弹的 left 属性值为鼠标光标的 X 坐标减去子弹宽度的一半，确保水平方向上子弹显示在飞机头部的正中间，子弹的 top 属性值为鼠标光标的 Y 坐标减去我方飞机高度的一半，再减去子弹自身的高度，确保子弹的尾部在我方飞机的头部，子弹与我方飞机以及鼠标光标的初始位置关系如图 5-12 所示。

图 5-11　我方飞机与鼠标光标位置关系示例图　　图 5-12　子弹与我方飞机以及鼠标光标的初始位置关系图

根据上述对我方飞机、子弹以及鼠标光标位置的分析，创建我方飞机对象、我方飞机飞行的方法，以及在发射子弹的方法中设置两个形式参数，接收的是鼠标光标的 X、Y 坐标，示例代码如下：

```
var myAircraft={
    fly: function (l, t) {
        if (l>=parseInt(meAircraft.offsetWidth/2) && l<=parseInt(gameAreaWidth)
— meAircraft.offsetWidth / 2) {
            if(t<=parseInt(gameAreaHeight)-meAircraft.offsetHeight / 2 &&
t>=parseInt(meAircraft.offsetHeight / 2)) {
```

```
                meAircraft.style.left=(l-meAircraft.offsetWidth / 2)+"px";
                meAircraft.style.top=(t-meAircraft.offsetHeight / 2)+"px";
            }
        }
    },
    sendBullet: function (l, t) {
        if (l>0 && l<parseInt(meAircraft.offsetWidth / 2)) {
            this.left=parseInt(meAircraft.offsetWidth / 2)-5;
        } else if (l>(parseInt(gameAreaWidth)-meAircraft.offsetWidth / 2) &&
l<parseInt(gameAreaWidth)) {
            this.left=parseInt(gameAreaWidth-meAircraft.offsetWidth/2)-5;
        } else {
            this.left=l-5;
        }
        this.top=t-35-parseInt(meAircraft.offsetHeight / 2);
        game.bulletArray.push(new Bullet(this.left, this.top));
    }
}
```

我方飞机发射子弹效果如图 5-13 所示。

图 5-13　我方飞机发射子弹效果图

5.3.3　敌方飞机

在游戏过程中，敌机从游戏区域顶部出现，由上向下匀速运动，每 800 ms 创建一架敌机。由于在游戏过程中会出现多个敌机对象，因此会创建敌方飞机类，实例化多个敌机对象。

由于 ES5 及更早版本中不存在类，所以通过创建构造函数，将方法放置在构造函数的原型上来模仿类。敌方飞机的构造函数示例如下：

```
var enemyAircraftId=0;
function EnemyAircraft(){ //敌机构造函数
    this.id="enemyAircraft"+(++enemyAircraftId)%10000;
    this.top=0;
    var color="";
    this.score=0;
    this.left=Math.random()*(parseInt(gameAreaWidth)-100);
    switch(parseInt(Math.random()*3)){
        case 0:
            color="e1";    //白色飞机
            this.score=10;
            break;
        case 1:
            color="e2";    //蓝色飞机
            this.score=20;
            break;
        case 2:
            color="e3";    //红色飞机
            this.score=30;
            break;
    }
    var thisEnemyAircraft=document.createElement("div");
    thisEnemyAircraft.id=this.id;
    thisEnemyAircraft.className="enemyAircraft";
    thisEnemyAircraft.classList.add(color);
    thisEnemyAircraft.style.left=this.left+"px";
    thisEnemyAircraft.style.top=this.top+"px";
    gameArea.appendChild(thisEnemyAircraft);
}
```

由于敌方飞机是在游戏区域顶部的位置以及敌方飞机的颜色都是随机出现的，因此在上述构造函数的示例代码中，每实例化一个敌方飞机对象，该敌方飞机对象应包含 id、top、left、score、color 属性，其中 left 属性值的确定使用了 random()函数，使实例化的敌方飞机对象在游戏区域中 left 属性的值是随机的。color 以及 score 属性值的确定使用 switch 多分支结构和 random()函数，使实例化的敌方飞机对象的颜色随机出现，并且每种颜色的敌方飞机对象对应的 socre 随之确定。最后，将敌机对象添加到游戏区域中。

敌方飞机在游戏区域每 10 ms 移动一次，每次移动 1 px，即敌方飞机可以飞行，因此向构造函数的原型上添加敌方飞机飞行的方法，示例代码如下：

```
EnemyAircraft.prototype.fly=function () {
    this.top+=1;
    var thisEnemyAircraft=document.getElementById(this.id);
    if (this.top<parseInt(gameAreaHeight)) {
        thisEnemyAircraft.style.top=this.top+"px";
    } else {   //敌机飞出游戏区域
        for (var i=game.enemyAircraftArray.length-1; i>=0; i--) {
            if (game.enemyAircraftArray[i]==this) {
                game.enemyAircraftArray.splice(i, 1);
            }
        }
        gameArea.removeChild(thisEnemyAircraft);
        game.getScore(this.score * (-5));
    }
}
```

在上述敌方飞机飞行的方法中，该敌方飞机对象的 top 属性值加 1。若当前的敌方飞机对象的 top 属性值小于游戏区域的高度，则修改游戏区域中该敌方飞机对象的 top 属性值，即该敌方飞机移动 1 px；否则该敌方飞机对象飞离游戏区域，在游戏对象敌方飞机数组中移除当前敌机对象，并且使用 removeChild()方法删除当前的敌方飞机对象。

敌方飞机在游戏区域中，可能被我方飞机发射的子弹击中，因此在构造函数的原型上添加了敌方飞机被击中的方法，示例代码如下：

```
EnemyAircraft.prototype.Hit=function () {
    var thisEnemyAircraft=document.getElementById(this.id);
    thisEnemyAircraft.style.background='url(./image/boom.gif)';
    thisEnemyAircraft.style.backgroundSize="cover";
    setTimeout(function () {
        gameArea.removeChild(thisEnemyAircraft);
    }, 500);
    for (var i=game.enemyAircraftArray.length-1; i>=0; i--) {
        if (game.enemyAircraftArray[i]==this) {
            game.enemyAircraftArray.splice(i, 1);
        }
    }
    game.getScore(this.score);
}
```

在上述敌方飞机被击中的方法中，首先根据当前敌机对象的 id 通过 getElementById()方法获取当前敌方飞机，修改当前敌方飞机的背景图片，即爆炸的效果图。使用 setTimeout()方法使当前被击中的敌方飞机的爆炸的效果图显示 500 ms，然后将当前被击中的敌方飞机移出游戏区域，并且在游戏对象敌方飞机数组中移除掉当前敌机对象。game.getScore()方法将在游戏对象中详细讲解，该方法是计算分数的方法，即当前敌方飞机被击中后将当前敌方飞机对象的 score 值作为参数传到 getScore()方法中，计算分数。

5.3.4 子弹

在游戏过程中，我方飞机可以通过点击鼠标发射子弹。由于在游戏过程中会随时发射子弹，因此会创建子弹类，我方飞机每发射一个子弹，需实例化一个子弹对象。

通过创建构造函数，将方法放置在构造函数的原型上来模仿类。子弹的构造函数示例如下：

```
var bulletId=0;
function Bullet(left,top){   //子弹构造函数
    this.id="bullet"+(++bulletId)%10000;
    this.left=left;
    this.top=top;
    var thisbullet=document.createElement("div");
    thisbullet.id=this.id;
    thisbullet.className="bullet";
    thisbullet.style.left=this.left+"px";
    thisbullet.style.top=this.top+"px";
    gameArea.appendChild(thisbullet);
}
```

在上述构造函数的示例代码中，每实例化一个子弹对象，该子弹对象包含 id、top、left 属性，通过 createElement()方法创建该子弹对象，并将子弹对象添加到游戏区域中。

在游戏过程中，我方飞机发射一个子弹对象后，子弹对象从下向上匀速运动，每 10 ms 移动一次，每次移动 5 px，即需在子弹构造函数的原型上添加飞行的方法，示例代码如下：

```
Bullet.prototype.fly=function(){
    this.top-=5;
    var thisbullet=document.getElementById(this.id);
    if(this.top>=0){
        thisbullet.style.top=this.top+"px";
    }else{
        this.disappear();
    }
}
```

在上述子弹对象飞行的方法中，该子弹对象的 top 属性值减 5。若当前的子弹对象的 top 属性值大于 0，则修改游戏区域中该子弹对象的 top 属性值，即该子弹对象向上移动 5 px；否则该子弹对象飞离游戏区域，调用子弹消失的方法 disappear()。disappear()方法的示例代码如下：

```
Bullet.prototype.disappear=function(){
    var thisbullet=document.getElementById(this.id);
    gameArea.removeChild(thisbullet);
    for(var i=game.bulletArray.length-1; i>=0;i--){
        if(game.bulletArray[i]==this){
            game.bulletArray.splice(i,1);
        }
    }
}
```

在上述的子弹消失的方法中，首先，根据当前子弹对象的 id 通过 getElementById()方法获取当前子弹对象，并使用 removeChild()将其在游戏区域中移除。然后在游戏对象的子弹数组中移除当前子弹对象。

在游戏过程中，我方飞机发射子弹后，会判断发射的子弹对象是否击中敌方飞机，在子弹构造函数的原型上添加判断子弹是否击中敌方飞机的方法，示例代码如下：

```
Bullet.prototype.isHit=function () {
    for (var i=game.enemyAircraftArray.length-1; i>=0; i--) {
        var enemyAircraftWidth=
          document.getElementById(game.enemyAircraftArray[i].id).offsetWidth;
        varenemyAircraftHeight=
          document.getElementById(game.enemyAircraftArray[i].id).offsetHeight;
            if (this.left-game.enemyAircraftArray[i].left>0 && this.left-
game.enemyAircraftArray[i].left<enemyAircraftWidth) {
            if (this.top-game.enemyAircraftArray[i].top>0 && this.top-
game.enemyAircraftArray[i].top<enemyAircraftHeight) {
                return i;
            }
        }
    }
    Return -1;
}
```

在上述判断子弹是否击中敌方飞机的方法中，判断当前子弹对象与敌方飞机数组中的所有敌机对象是否满足击中条件，击中条件为当前子弹对象的 left 属性值与敌方飞机的 left 属性值的差值是否大于 0 并且小于敌机对象的宽度，同时要满足当前子弹对象的 top 属性值与敌方飞机的 top 属性值的差值是否大于 0 并且小于敌机对象的高度。若符合击中条件，则返回被击中敌方飞机的数组下标，否则返回 0。

5.3.5　游戏对象

在游戏过程中，游戏对象包含时间、分值、游戏状态、敌方飞机数组、子弹数组等属性，并且还包含开始游戏、结束游戏、创建敌方飞机、全部敌方飞机飞行、全部子弹飞行、判断所有子弹与敌方飞机是否发生爆炸、时间、计算分值等方法。下面将对主要方法进行讲解。

在敌方飞机小节中，我们已经对敌方飞机的构造函数、敌方飞机的飞行以及敌方飞机被击中的方法进行了详细讲解。在整个游戏进行的过程中，在游戏对象中添加一个每隔 800 ms 创建一架敌方飞机的方法，示例代码如下：

```
createEnemyAircraft : function() {
    this.createEnemyAircraftTime=setInterval(function () {
        if (game.status) {
            game.enemyAircraftArray.push(new EnemyAircraft());
        }
    }, 800);
}
```

上述示例代码中，使用 serInterval()定时器，即每隔 800 ms，向敌方飞机数组中添加一个敌方飞机对象。

在敌方飞机小节中，敌方飞机飞行的方法是一个敌方飞机对象飞行，若让全部敌方飞机对象每隔 30 ms 都飞行，则在游戏对象中添加所有敌方飞机对象每隔 30 ms 都飞行的方法，示例代码如下：

```
enemyAircraftFly:function(){
    this.enemyAircraftFlyTime=setInterval(function(){
        if(game.status){
            for(var i=game.enemyAircraftArray.length-1; i>=0;i--){
                game.enemyAircraftArray[i].fly();
            }
        }
    },30);
}
```

上述示例代码中，使用 serInterval()定时器，即每隔 30 ms，敌方飞机数组中的所有敌方飞机都会飞行，即调用敌方飞机的 fly()方法。

在子弹这一小节中，我们已经为子弹对象添加了飞行的方法，每调用一次子弹飞行方法，使一个子弹对象移动一次。若使所有子弹对象每隔 10 ms 都飞行一次，则在游戏对象中添加所有子弹飞行的方法，示例代码如下：

```
bulletFly:function(){
    this.bulletFlyTime=setInterval(function(){
        if(game.status){
            for(var i=game.bulletArray.length-1; i>=0;i--){
                game.bulletArray[i].fly();
            }
            game.isBoom();
        }
    },10);
}
```

上述示例代码中实现子弹数组中所有子弹对象每隔 10 ms 都飞行一次，并且每隔 10 ms 判断子弹对象是否击中的敌方飞机发生爆炸。示例中的 isBoom()方法的示例代码如下：

```
isBoom:function(){
    for(var i=game.bulletArray.length-1;i>=0;i--){
        var pos=game.bulletArray[i].isHit();
        if(pos!=-1){
            game.enemyAircraftArray[pos].Hit();
            game.bulletArray[i].disappear();
        }
    }
}
```

上述示例代码中，主要是判断所有的子弹对象是否击中了敌机，每个子弹对象遍历调用判断子弹对象是否击中敌机的方法 isHit()在子弹小节已详细讲解，若被击中，则将被击中的敌机数组下标返回并赋值给变量 pos，接着敌机数组下标为 pos 的敌方飞机对象会调用敌方飞机被击中时的方法 Hit()，该方法在敌方飞机小节已详细讲解。敌机被击中时效果如图 5-14 所示。

在游戏的整个过程中，时间会每隔 1 s 自增一次，时间自增的方法示例代码如下：

```
getTime:function(){
    var timeNum=document.querySelector(".timeNum");
    this.timeClock=setInterval(function(){
        timeNum.innerHTML=(++game.time);
    },1000);
}
```

图 5-14　敌方飞机被子弹击中效果图

在游戏过程中，若我方飞机发射子弹击中敌方飞机，则累加敌方飞机类型的分数，若敌方飞机未被击中而飞离游戏区域，则扣除对应敌方飞机 5 倍的分值。若游戏的总分值大于或等于 500 时，分数清零；若分数小于 0 时，则游戏结束。示例代码如下：

```
getScore:function(s){
    game.score+=s;
    var scoreNum=document.querySelector(".scoreNum");
    var timeNum=document.querySelector(".timeNum");
    scoreNum.innerHTML=game.score;
    if(game.score>=500){
        game.score=0;
```

```
        scoreNum.innerHTML=0;
    }
    if(game.score<0){
        game.gameOver();
        scoreNum.innerHTML=0;
        timeNum.innerHTML=0;
    }
}
```

上述示例中，调用的游戏结束方法 gameOver()的示例代码如下：

```
gameOver: function() {
    this.status=false;
    bulletId=0;
    enemyAircraftId=0;
    clearInterval(this.bulletFlyTime);
    clearInterval(this.createEnemyAircraftTime);
    clearInterval(this.enemyAircraftFlyTime);
    clearInterval(this.timeClock);
    var b=document.getElementsByClassName("bullet");
    var e=document.getElementsByClassName("enemyAircraft");
    for (var i=0, len=b.length; i<len; i++) {
        gameArea.removeChild(b[0]);
    }
    for (var i=0, len=e.length; i<len; i++) {
        gameArea.removeChild(e[0]);
    }
    this.bulletArray=[];
    this.enemyAircraftArray=[];
    var shadow=document.querySelector(".shadow");
    shadow.style.display="flex";
    var shadowCenter=document.querySelector(".shadowCenter");
    shadowCenter.style.display="flex";
    var btn=document.querySelector(".gamebtn");
    btn.style.display="none";
    var flyTimeNum=document.querySelector(".flyTimeNum");
    flyTimeNum.innerHTML=game.time;
    var rank=document.querySelector(".rank");
    if (game.time<=30) {
        rank.innerHTML="倔强青铜";
    } else if (game.time<=60) {
        rank.innerHTML="秩序白银";
    } else if (game.time<=120) {
        rank.innerHTML="荣耀黄金";
    } else if (game.time<=240) {
        rank.innerHTML="尊贵铂金";
    } else if (game.time<=360) {
```

```
        rank.innerHTML="永恒钻石";
    } else {
        rank.innerHTML="最强王者";
    }
}
```

游戏结束方法中会清除和初始化一些属性值，并且会根据时间的多少获得游戏等级。

在游戏开始时，单击"开始"按钮，会调用游戏对象中的开始游戏方法，该方法的示例代码如下：

```
"gamestart":function(){
    this.status=true;
    this.score=0;
    this.time=0;
    this.bulletFly();
    this.createEnemyAircraft();
    this.enemyAircraftFly();
    this.getTime();
}
```

开始游戏的方法中，设置游戏的状态为真，调用所有子弹飞行，创建敌方飞机，所有敌方飞机飞行以及时间自增方法等。

上面只列出了游戏对象中的一些方法，如需了解游戏对象的所有详细代码，可参考相关电子资源。

5.3.6　小结

关于项目功能的实现主要讲解了界面布局、我方飞机、敌方飞机、子弹、游戏对象等内容，示例中用到了全局变量的获取、开始按钮的单击事件，捕捉鼠标的移动和按下事件是在 onload() 函数中响应，具体实例代码如下：

```
var meAircraft="";
var gameArea="";
var gameAreaWidth="";
var gameAreaHeight="";
window.onload=function(){
    meAircraft=document.getElementById("myAircraft");
    gameArea=document.querySelector(".gameArea");
    gameAreaWidth=document.defaultView.getComputedStyle(gameArea,null).width;
    gameAreaHeight=document.defaultView.getComputedStyle (gameArea,
                                                null).height;

    gameArea.onmousemove=function(event){
```

```
        if(game.status){
            myAircraft.fly(event.offsetX,event.offsetY);
        }
    }
    gameArea.onmousedown=function(e){
        if(game.status){
            myAircraft.sendBullet(e.offsetX,e.offsetY);
        }
    }
}
function startGame(){
    var shadow=document.querySelector(".shadow");
    shadow.style.display="none";
    game.gamestart();
}
```

5.4 项目功能实现（方法二）

上一节主要介绍了飞机大战项目采用面向对象思想实现的过程，本节主要以面向过程的思想对飞机大战项目进行分析与实现。界面布局部分请参考 5.3.1 小节，接下来将对飞机大战主要功能的实现进行讲解。

首先，在界面加载时，在 window.onload()方法中定义实例化我方飞机对象，获取游戏区域元素，并获取游戏区域的宽度与高度。同时，onload()方法中添加 onmousemove 事件和 onmousedown 事件，来捕捉我方飞机在游戏区域中的移动和鼠标是否被点击，当游戏状态为 true时，通过鼠标的移动控制我方飞机的移动，即我方飞机飞行；当点击鼠标时，实现我方飞机发射子弹，示例代码如下：

```
var gameAreaWidth="";   //游戏区域宽度
var gameAreaHeight="";  //游戏区域高度
window.onload=function(){
    var me=new myAircraft();
    gameArea=document.querySelector(".gameArea");
    gameAreaWidth=document.defaultView.getComputedStyle(gameArea,null).width;
    gameAreaHeight=document.defaultView.getComputedStyle
                                        (gameArea,null).height;
    gameArea.onmousemove=function(event){
        if(status=="true"){
            me.fly(event.offsetX,event.offsetY);
        }
    }
```

```
gameArea.onmousedown=function(e){
    if(status=="true"){
        me.sendBullet(e.offsetX-5,e.offsetY-parseInt
                                    (meAircraft.offsetHeight));
    }
  }
}
```

5.4.1　游戏开始

单击"开始"按钮后，遮罩层消失，游戏开始。开始或重新开始单击事件函数示例代码如下：

```
function startGame(){
    var shadow=document.querySelector(".shadow");
    shadow.style.display="none";
    status=true;
    gamestart();
}
```

在单击事件函数的示例代码中，首先获取遮罩层元素，让其显示置为none，游戏的状态值为 true，进一步调用开始函数 gamestart()，开始函数示例代码如下：

```
function gamestart(){
    createEnemyAircraftTime=0;
    timeClock=0;
    score=0;
    time=0;
    bulletFly();
    enemyAircraftFly();
    var timeNum=document.querySelector(".timeNum");
    timeClock=setInterval(function(){
        timeNum.innerHTML=(++time);
    },1000);
    createEnemyAircraftTime=setInterval(function(){
        if(status){
            enemyAircraftArray.push(new EnemyAircraft());
        }
    },800);
}
```

单击"开始"按钮后，游戏状态为 ture，游戏区域右上角部分的时钟将开始计时，每隔 1 s 自增一次，具体实现方法详见上述代码的 timeClock 部分。

同时，游戏开始后每隔 800 ms 从游戏区域顶部创建一架敌方飞机，且敌机的颜色和位置都是随机的，除了上述代码中每隔 800 ms 创建一架敌机的方法外，游戏开始后所有敌机每隔 30 ms 移动一次，所有子弹每隔 10 ms 移动一次，示例代码如下：

```
//所有敌机每隔 30 ms 移动一次
function enemyAircraftFly(){
    enemyAircraftFlyTime=setInterval(function(){
        if(status){
            for(var i=enemyAircraftArray.length-1; i>=0;i--){
                enemyAircraftArray[i].fly();
            }
        }
    },30);
}
//每隔 10 ms 所有子弹移动一次
function bulletFly(){
    bulletFlyTime=setInterval(function(){
        if(status){
            for(var i=bulletArray.length-1; i>=0;i--){
                bulletArray[i].fly();
            }
            isBoom();
        }
    },10);
}
```

上述示例代码中调用的 isBoom()函数，实现对所有子弹进行判断，若子弹击中敌机，则调用响应的子弹击中敌机方法和敌机爆炸方法，示例代码如下：

```
function isBoom(){
    for(var i=bulletArray.length-1;i>=0;i--){
        var pos=bulletArray[i].isHit();
        if(pos!=-1){
            enemyAircraftArray[pos].Hit();
            bulletArray[i].disappear();
        }
    }
}
```

所调用的敌方飞机函数将在 5.4.4 小节中详细讲解。我方飞机可随着鼠标移动而飞行以及发射子弹，我方飞机功能的实现将在 5.4.2 小节中详细讲解；子弹相关功能将在 5.4.3 小节中详细讲解。单击"开始"按钮前后的效果图如图 5-15 所示。

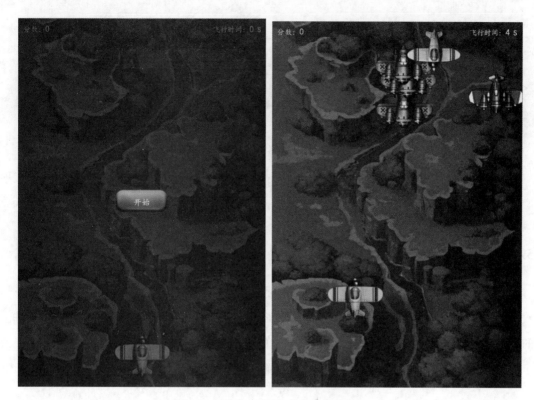

图 5-15　单击"开始"按钮前后效果图

5.4.2　我方飞机

在 window.onload()函数中，首先实例化了我方飞机对象，我方飞机主要实现以下功能：随着鼠标的移动而移动，即我方飞机可以飞行；当点击鼠标时，我方飞机可以发射子弹，每点击一次，发射一枚子弹，即实例化一个子弹对象，添加到子弹数组中。我方飞机可随鼠标移动的区域如图 5-10 所示。我方飞机构造函数以及我方飞机飞行方法和发射子弹方法示例代码如下：

```
function myAircraft() {
    meAircraft=document.getElementById("myAircraft");
    this.fly=function (l, t) {
        if (l>=parseInt(meAircraft.offsetWidth / 2) && l<=parseInt(gameAreaWidth)
-meAircraft.offsetWidth / 2) {
            if (t<=parseInt(gameAreaHeight)-meAircraft.offsetHeight / 2 &&
t>=parseInt(meAircraft.offsetHeight / 2)) {
                meAircraft.style.left=(l-meAircraft.offsetWidth / 2)+"px";
                meAircraft.style.top=(t-meAircraft.offsetHeight / 2)+"px";
            }
        }
    }
```

```
    this.sendBullet=function (l, t) {
        if (l>0 && l<parseInt(meAircraft.offsetWidth / 2)) {
            this.left=parseInt(meAircraft.offsetWidth / 2);
        } else if (l>(parseInt(gameAreaWidth)-meAircraft.offsetWidth / 2) &&
l<parseInt(gameAreaWidth)) {
            this.left=parseInt(gameAreaWidth-meAircraft.offsetWidth / 2);
        } else {
            this.left=l;
        }
        this.top=t;
        bulletArray.push(new Bullet(this.left, this.top));
    }
}
```

5.4.3 子弹

在游戏过程中，我方飞机可以通过点击鼠标发射子弹，每点击鼠标一次，我方飞机发射一枚子弹，即向子弹数组中添加一个子弹对象。在游戏过程中，子弹具有飞行、消失、击中敌机的功能。故定义子弹的构造函数，除了具有基本的属性之外，还应在构造函数中加入子弹飞行、子弹消失、判断子弹是否击中敌机的方法，子弹的构造函数示例如下：

```
var bulletId=0;
function Bullet(left, top) {
    this.id="bullet"+(++bulletId);
    this.left=left;
    this.top=top;
    var thisbullet=document.createElement("div");
    thisbullet.id=this.id;
    thisbullet.className="bullet";
    thisbullet.style.left=this.left+"px";
    thisbullet.style.top=this.top+"px";
    gameArea.appendChild(thisbullet);
    this.fly=function () {
        this.top-=5;
        var thisbullet=document.getElementById(this.id);
        if (this.top>=0) {
            thisbullet.style.top=this.top+"px";
        } else {
            this.disappear();
        }
    }
    this.disappear=function () {
        var thisbullet=document.getElementById(this.id);
        gameArea.removeChild(thisbullet);
        for (var i=bulletArray.length-1; i>=0; i--) {
```

```
            if (bulletArray[i]==this) {
                bulletArray.splice(i, 1);
            }
        }
    }
    this.isHit=function () {
        for (var i=enemyAircraftArray.length-1; i>=0; i--) {
            var enemyAircraftWidth=
document.getElementById(enemyAircraftArray[i].id).offsetWidth;
            var enemyAircraftHeight=
document.getElementById(enemyAircraftArray[i].id).offsetHeight;
            if (this.left-enemyAircraftArray[i].left>0 && this.left-
enemyAircraftArray[i].left<enemyAircraftWidth) {
                if (this.top-enemyAircraftArray[i].top>0 && this.top-
enemyAircraftArray[i].top<enemyAircraftHeight) {
                    return i;
                }
            }
        }
        Return -1;
    }
}
```

在上述构造函数的示例代码中，每实例化一个子弹对象，该子弹对象就包含了 id、top、left 属性，通过 createElement()方法创建该子弹对象，并将子弹对象添加到游戏区域中。

在游戏过程中，我方飞机发射一个子弹对象后，子弹对象从下向上匀速运动，每 10 ms 移动一次，每次移动 5 px，即在子弹的构造函数中添加飞行的方法。

子弹飞行的方法中，该子弹对象的 top 属性值减 5。若当前的子弹对象的 top 属性值大于 0，则修改游戏区域中该子弹对象的 top 属性值，即该子弹对象向上移动 5 px；否则该子弹对象飞离游戏区域，在子弹的构造函数中添加子弹消失的方法 disappear()。

子弹消失的方法中，首先根据当前子弹对象的 id 通过 getElementById()方法获取当前子弹对象，并使用 removeChild()将其在游戏区域中移除。然后在游戏对象的子弹数组中移除当前子弹对象。

在游戏过程中，我方飞机发射子弹后，会判断发射的子弹对象是否击中敌方飞机，子弹的构造函数中添加了判断子弹是否击中敌方飞机的方法。

在判断子弹是否击中敌方飞机的方法中，判断当前子弹对象与敌方飞机数组中的所有敌机对象是否满足击中条件，击中条件为当前子弹对象的 left 属性值与敌方飞机的 left 属性值的差值是否大于 0 并且小于敌方飞机对象的宽度，同时要满足当前子弹对象的 top 属性值与敌方飞机的 top 属性值的差值是否大于 0 并且小于敌方飞机对象的高度。若符合击中条件,则返回被击中的敌方飞机的数组下标,否则返回 0。

5.4.4　敌方飞机

在游戏过程中,敌方飞机从游戏区域顶部出现,由上向下匀速运动,每 800 ms 创建一架敌机。每创建一架敌方飞机,则实例化一个敌方飞机对象。在游戏进行过程中,敌方飞机可以飞行,敌方飞机可以被我方飞机发射的子弹击中,故在创建敌方飞机的构造函数时,除了具有基本属性之外,还需在函数中添加敌方飞机飞行和敌方飞机被击中时的方法。敌方飞机构造函数示例代码如下:

```
var enemyAircraftId=0;
function EnemyAircraft() {
    this.id="enemyAircraft"+(++enemyAircraftId);
    this.top=0;
    var color="";
    this.score=0;
    this.left=Math.random() * (parseInt(gameAreaWidth)-100);
    switch (parseInt(Math.random() * 3)) {
        case 0:
            color="e1";
            this.score=10;
            break;
        case 1:
            color="e2";
            this.score=20;
            break;
        case 2:
            color="e3";
            this.score=30;
            break;
    }
    var thisEnemyAircraft=document.createElement("div");
    thisEnemyAircraft.id=this.id;
    thisEnemyAircraft.className="enemyAircraft";
    thisEnemyAircraft.classList.add(color);
    thisEnemyAircraft.style.left=this.left+"px";
    thisEnemyAircraft.style.top=this.top+"px";
    gameArea.appendChild(thisEnemyAircraft);
    this.fly=function () {
        this.top+=1;
        var thisEnemyAircraft=document.getElementById(this.id);
        if (this.top<parseInt(gameAreaHeight)) {
```

```
            thisEnemyAircraft.style.top=this.top+"px";
        } else {  //敌机飞出游戏区域
            for (var i=enemyAircraftArray.length-1; i>=0; i--) {
                if (enemyAircraftArray[i]==this) {
                    enemyAircraftArray.splice(i, 1);
                }
            }
            gameArea.removeChild(thisEnemyAircraft);
            getScore(this.score * (-5));
        }
    }
    this.Hit=function () {
        var thisEnemyAircraft=document.getElementById(this.id);
        thisEnemyAircraft.style.background='url(./image/boom.gif)';
        thisEnemyAircraft.style.backgroundSize="cover";
        setTimeout(function () {
            gameArea.removeChild(thisEnemyAircraft);
        }, 500);
        for (var i=enemyAircraftArray.length-1; i>=0; i--) {
            if (enemyAircraftArray[i]==this) {
                enemyAircraftArray.splice(i, 1);
            }
        }
        getScore(this.score);
    }
}
```

由于敌方飞机在游戏区域顶部的位置以及敌方飞机的颜色都是随机出现的,因此在上述构造函数的示例代码中,每实例化一个敌方飞机对象,该敌方飞机对象就包含了 id、top、left、score、color 属性,其中 left 属性值确定使用了 random()函数,使实例化的敌方飞机对象在游戏区域中 left 属性的值是随机的。color 以及 score 属性值的确定使用 switch 多分支结构和 random()函数,使实例化的敌方飞机对象的颜色随机出现,并且每种颜色的敌方飞机对象对应的 score 属性值随之确定。最后,将敌机对象添加到游戏区域中。

敌方飞机在游戏区域每 10 ms 移动一次,每次移动 1 px,即敌方飞机可以飞行。在上述敌方飞机飞行的方法中,该敌方飞机对象的 top 属性值加 1。若当前的敌方飞机对象的 top 属性值小于游戏区域的高度,则修改游戏区域中该敌方飞机对象的 top 属性值,即该敌方飞机移动 1 px;否则该敌方飞机对象飞离游戏区域,在游戏对象敌方飞机数组中移除当前敌机对象,并且使用 removeChild()方法删除当前的敌方飞机对象。

敌方飞机在游戏区域中,可能被我方飞机发射的子弹击中,因此向构造函数中添加敌方飞机被击中的方法。在上述敌方飞机被击中的方法中,首先根据当前敌机对象的 id 通过

getElementById()方法获取当前敌方飞机，修改当前敌方飞机的背景图片，即爆炸的效果图。使用 setTimeout()方法，使当前被击中的敌方飞机的爆炸效果图显示 500 ms，然后将中当前被击中的敌方飞机移出游戏区域，并且在游戏对象敌方飞机数组中移除当前敌方飞机对象。getScore()方法将在游戏对象中详细讲解，该方法是计算分数的方法，即当前敌方飞机被击中后将当前敌方飞机对象的 score 值作为参数传到 getScore()方法中，计算分数。

5.4.5 游戏结束

当游戏分数小于 0 时，调用游戏结束函数。游戏结束时，首先将游戏状态置为 false，清除子弹数组和敌方飞机数组元素，显示飞行时间，根据结束时的飞行时间判断游戏等级，并显示到圆角矩形盒子中，"重新开始"按钮出现，游戏结束函数示例代码如下：

```javascript
function gameOver() {
    status=false;
    bulletId=0;
    enemyAircraftId=0;
    clearInterval(bulletFlyTime);
    clearInterval(createEnemyAircraftTime);
    clearInterval(enemyAircraftFlyTime);
    clearInterval(timeClock);
    var b=document.getElementsByClassName("bullet");
    var e=document.getElementsByClassName("enemyAircraft");
    for (var i=0, len=b.length; i<len; i++) {
        gameArea.removeChild(b[0]);
    }
    for (var i=0, len=e.length; i<len; i++) {
        gameArea.removeChild(e[0]);
    }
    this.bulletArray=[];
    this.enemyAircraftArray=[];
    var shadow=document.querySelector(".shadow");
    shadow.style.display="flex";
    var shadowCenter=document.querySelector(".shadowCenter");
    shadowCenter.style.display="flex";
    var btn=document.querySelector(".gamebtn");
    btn.style.display="none";
    var flyTimeNum=document.querySelector(".flyTimeNum");
    flyTimeNum.innerHTML=time;
    var rank=document.querySelector(".rank");
    if (time<=30) {
        rank.innerHTML="倔强青铜";
    } else if (time<=60) {
        rank.innerHTML="秩序白银";
```

```
    } else if (time<=120) {
        rank.innerHTML="荣耀黄金";
    } else if (time<=240) {
        rank.innerHTML="尊贵铂金";
    } else if (time<=360) {
        rank.innerHTML="永恒钻石";
    } else {
        rank.innerHTML="最强王者";
    }
}
```

游戏结束效果图如图 5-16 所示。

图 5-16　游戏结束效果图

【附件五】

为了方便您的学习，我们将该章节中的相关附件上传到所示的二维码，您可以自行扫码查看。

第6章　航空管理系统前端项目开发

学习目标：

- 利用原生的 JavaScript 知识来完成航空管理系统的前端页面

本章我们将以具体的实战项目为例，利用原生的 JavaScript 知识来完成航空管理系统的前端页面。

6.1　项目介绍

6.1.1　开发背景

通过本书前面章节的学习，我们已经对 JavaScript 基础、DOM、BOM 及前端页面的制作有了深刻的了解和掌握。为了巩固我们前面所学的知识，加深所学知识在实战项目中的应用，本书再提供一个前端开发实战项目——航空管理系统前端开发。

6.1.2　开发要求

本项目是一个简易的航空公司订票系统，主要功能包括登录、查询航班、航班动态查询、航班计划管理等。

项目流程如图 6-1 所示。

项目素材包含以下文档/文件：

（1）SunshineAirlines 文件夹——前端静态页面素材；

（2）Session1mysql.sql——数据库文件；

（3）SunshineAirlines.war——后端接口 war 包；

（4）航空管理系统测评 API 列表；

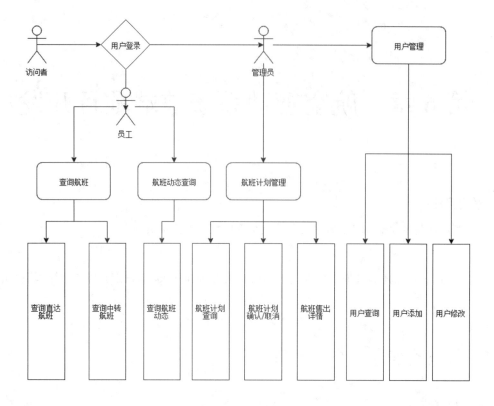

图 6-1　项目流程图

（5）航空管理系统测评 API 部署文档。

6.1.3　环境配置要求

本项目需要 Java 环境、MySQL 数据库、Visual Studio Code、Google Chrome、Navicat、tomcat 服务器、winRAR、画图软件等。

环境部署需要完成以下两步：

（1）数据库脚本初始化；

（2）后端接口部署。

1.数据库脚本初始化

1）创建数据库连接

（1）打开 Navicat 软件。

①如果连接栏中无数据库连接，如图 6-2 所示，则直接进入下一步。

图 6-2 Navicat 软件截面图

②如果连接栏中有数据库连接，如图 6-3 所示，则删除连接：右键单击该连接，选择删除连接选项，即可删除连接。

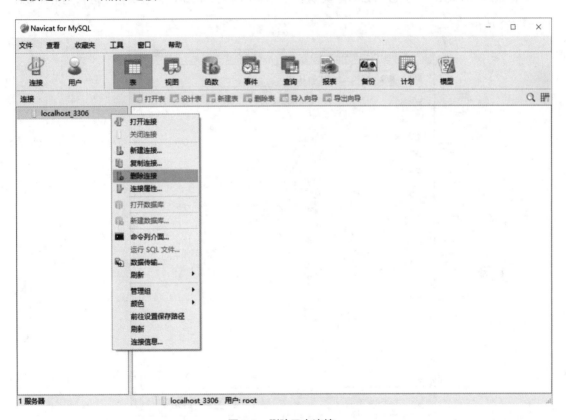

图 6-3 删除已有连接

（2）新建数据库连接。

①单击"连接"按钮，如图 6-4 所示。

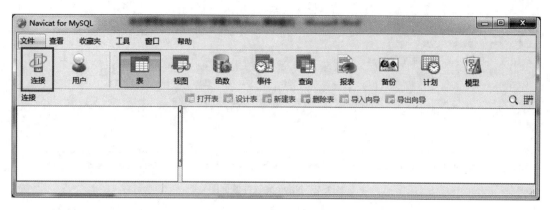

图 6-4　单击"连接"按钮

②输入 MySQL 密码（123456），直接单击"连接测试"按钮，检查数据库可否正常连接，如图 6-5 所示。

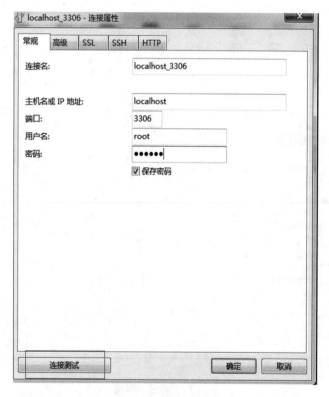

图 6-5　设置连接数据库

③如果连接成功，则单击"确定"按钮完成数据库创建，如图 6-6 所示。

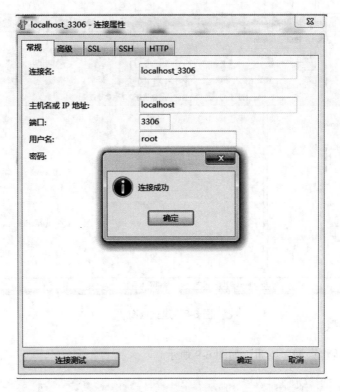

图 6-6　连接成功测试

④双击左侧栏的连接，会展开许多数据库，如图 6-7 所示。

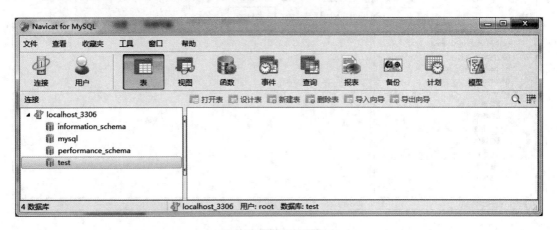

图 6-7　查看已有数据库

2）导入数据库结构

（1）双击数据库 test，并单击"查询"按钮，如图 6-8 所示。

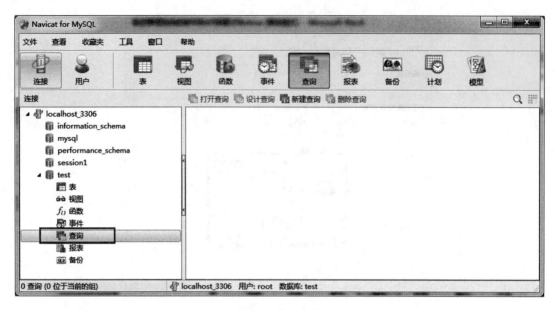

图 6-8　建立查询

（2）单击"新建查询"按钮，如图 6-9 所示。

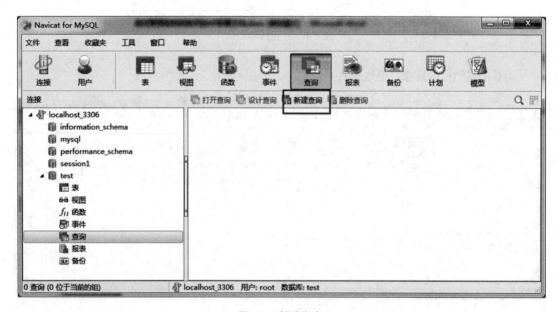

图 6-9　新建查询

（3）在查询窗口中，选择"文件"→"载入"，并通过素材包路径找到并选中 Session1mysql.sql 文件，单击"运行"按钮，即可自动新建"session1"数据库，并将表结构及数据导入其中（此过程需要等待一段时间），如图 6-10 所示。

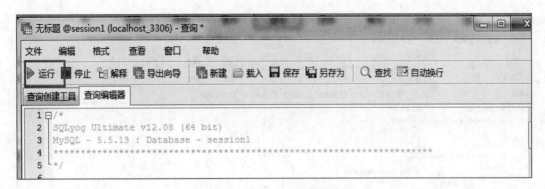

图 6-10　载入已有的数据库文件

（4）检查导入结果，右键单击数据库连接，选择"刷新"，如图 6-11 所示。

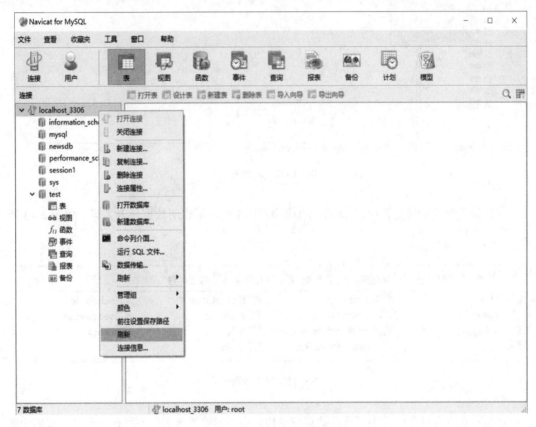

图 6-11　刷新数据库

（5）右键单击"表"按钮，选择右键菜单中的"刷新"，如图 6-12 所示。

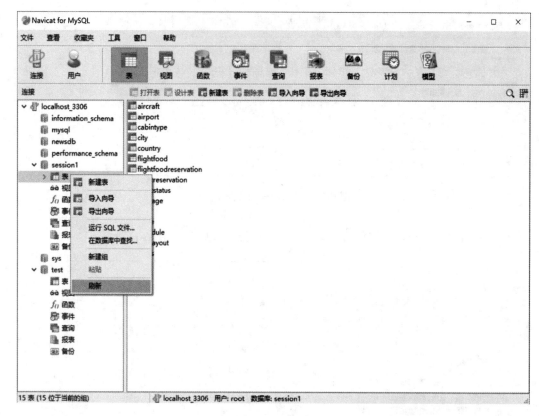

图 6-12 刷新表

（6）检查表的数目是否达到 15 个，如果达到 15 个，则说明数据导入完毕，如图 6-13 所示。

图 6-13 检查表数量

注意：在开发过程中，不可修改数据库结构、不可删除数据表、不可在数据表中添加或删除任何字段，也不可修改数据类型。

2.后端接口部署

（1）将素材中 SunshineAirlines.war 复制到 Tomcat 中的 webapps 文件夹，如图 6-14 所示。

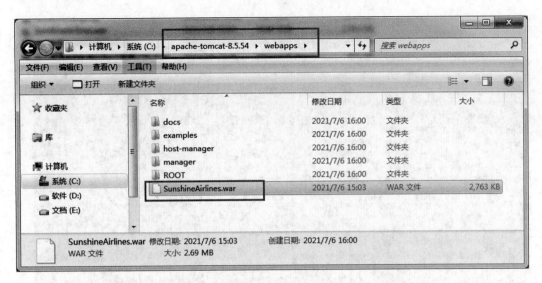

图 6-14　将 SunshineAirlines.war 包放入 tomcat 中 webapps 文件夹

（2）运行 Tomcat。

①在 Tomcat 的 bin 目录下，找到 startup.bat 文件，如图 6-15 所示。

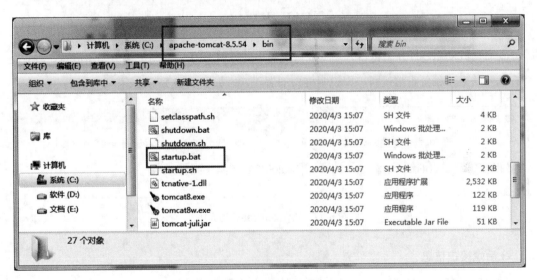

图 6-15　找到 startup.bat 文件

②双击启动 Tomcat，如图 6-16 所示。

图 6-16　启动 tomcat

③启动成功后，打开浏览器，参照接口说明中的样例 URL，在浏览器中调用测试，查看是否有返回结果。如果正常返回，则说明接口部署正常，如图 6-17 所示。

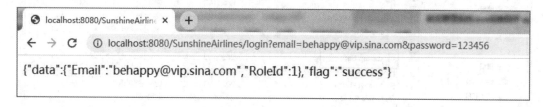

图 6-17　验证 tomcat 启动成功

3.后端接口信息

后台接口主要有 11 个，可以实现从前端访问后台数据库数据。

1）用户登录接口

用户登录接口信息如表 6-1 所示。

表 6-1　用户登录接口信息表

URL	http://localhost:8080/SunshineAirlines/login?email=param1&password=param2
Sample URL	http://localhost:8080/SunshineAirlines/login?email=behappy@vip.sina.com&password=123456
Method	POST
URL Params	param1: email(邮箱) param2: password(密码)

Success Response	```
	{
	    "data": {
	        "Email": "behappy@vip.sina.com",
	        "RoleId": 1
	    },
	    "flag": "success"
	}
	{
	    "data": "邮箱不存在",
	    "flag": "fail"
	}
	{
	    "data": "密码错误",
	    "flag": "fail"
	}
	``

备注	"Email": 邮箱 "RoleId": 角色 1—员工，2—管理员

2）用户查询接口

用户查询接口信息如表 6-2 所示。

表 6-2　用户查询接口信息表

URL	http://localhost:8080/SunshineAirlines/userList?roleId=param1&name=param2&startPage=param3&pageSize=param4
Sample URL	http://localhost:8080/SunshineAirlines/userList?roleId=2&name=So&startPage=1&pageSize=10
Method	POST
URL Params	param1: roleId(角色 Id，1—员工，2—管理员，默认 0) param2: name(根据用户的名字进行模糊搜索) param3: startPage (开始页码，起始页为 1，默认 1) param4: pageSize (每页记录条数，默认 10)

Success
Response
	``
	{
	    "data": [
	        {
	            "UserId": 75,
	            "Email": "xianhr@pub.zhaopin.com.cn",
	            "FirstName": "Alec",
	            "LastName": "Sophia",
	            "Password": "xianhr",
	            "Gender": "M",
	            "DateOfBirth": "1997-03-03",
	            "Phone": "",
	            "Address": "",
	            "RoleId": 2
	        }
	    ],
	    "flag": "success",
	    "page": {
	        "pageSize": 10,
	        "startPage": 1,
	        "total": 1
	    }
	}
	``

备注	"UserId": 用户 Id "Email": "邮箱" "FirstName": "名" "LastName": "姓" "Password": "密码" "Gender": "性别：M—男，F—女" "DateOfBirth": "生日" "Phone": "手机号 "Photo": "照片" "Address": 地址 "RoleId": 角色 1—员工，2—管理员

3）用户增加接口

用户增加接口信息如表 6-3 所示。

表 6-3　用户增加接口信息表

URL	http://localhost:8080/SunshineAirlines/addUser?email=param1&firstName=param2&lastName=param3&gender=param4&dateOfBirth=param5&phone=param6&photo=param7&address=param8&roleId=param9
Sample URL	http://localhost:8080/SunshineAirlines/addUser?email=jack@126.com&firstName=alex&lastN

	ame=snos&gender=F&dateOfBirth=1988-01-01&phone=13800138000&photo=alexphoto&address=wuhan&roleId=1
Method	POST
URL Params	email：邮箱 firstName：名 lastName：姓 gender: 用户性别，M—男，F—女 dateOfBirth：生日 phone 手机号 photo:照片 address: 地址 roleId：角色 id

Success
Response
	{
	　　"flag": "success"
	}
	{
	　　"data": "邮箱重复",
	　　"flag": "fail"
	}

4）获取用户信息（根据用户 id）接口

用户信息接口信息如表 6-4 所示。

表 6-4　用户信息接口信息表

URL	http://localhost:8080/SunshineAirlines/getUserInfo?userId=Param1
Sample URL	http://localhost:8080/SunshineAirlines/getUserInfo?userId=1
Method	POST
URL Params	param1: userId(用户 id)

Success
Response
	{
	　　"data": {
	　　　　"UserId": 1,
	　　　　"Email": "behappy@vip.sina.com",
	　　　　"FirstName": "Mag",
	　　　　"LastName": "Lydia",
	　　　　"Password": "123456",
	　　　　"Gender": "M",
	　　　　"DateOfBirth": "1988-06-06",
	　　　　"Phone": "13087666556",
	　　　　"Address": "",
	　　　　"RoleId": 1

备注	`},`
	`    "flag": "success"`
	`}`
	`{`
	`    "data": "用户信息不存在",`
	`    "flag": "fail"`
	`}`

	"UserId": 用户 Id "Email": "邮箱" "FirstName": "名" "LastName": "姓" "Password": "密码" "Gender": "性别：M—男，F—女" "DateOfBirth": "生日" "Phone": "手机号" "Photo": "照片" "Address": 地址 "RoleId": 角色 1—员工，2—管理员

5）用户更新接口

用户更新接口信息如表 6-5 所示。

表 6-5　用户更新接口信息表

URL	http://localhost:8080/SunshineAirlines/updateUser?userId=Param1&email=param2&firstName=param3&lastName=param4&gender=param5&dateOfBirth=param6&phone=param7&photo=param8&address=param9&roleId=param10
Sample URL	http://localhost:8080/SunshineAirlines/updateUser?userId=102&email=jack1@126.com&firstName=alex&lastName=snos&gender=F&dateOfBirth=1988-01-01&phone=13800138000&photo=alexphoto&address=wuhan&roleId=1
Method	POST
URL Params	userId: 用户 id email ： 邮箱 firstName ： 名 lastName ： 姓 gender: 用户性别 M—男，F—女 dateOfBirth: 生日 phone 手机号 photo 照片 address: 用户地址 roleId: 角色 id
Success Response	{

```
        "flag": "success"
    }
    {
        "data": "邮箱重复",
        "flag": "fail"
    }
    {
        "data": "用户信息不存在",
        "flag": "fail"
    }
```

6）城市查询接口

城市查询接口信息如表 6-6 所示。

表 6-6　城市查询接口信息表

URL	http://localhost:8080/SunshineAirlines/getCityNames
Sample URL	http://localhost:8080/SunshineAirlines/getCityNames
Method	POST
URL Params	—

Success Response	`{`
	`    "data": [`
	`        {`
	`            "CityCode": "ABV",`
	`            "CityName": "Abuja",`
	`            "CountryCode": "NGA"`
	`        },`
	`        {`
	`            "CityCode": "ANK",`
	`            "CityName": "Ankara",`
	`            "CountryCode": "TR"`
	`        }`
	`    ],`
	`    "flag": "success"`
	`}`

备注：	CityCode：城市代码 CityName：城市名 CountyCode：国家代码

7）航班状态查询（根据出发日期）

航班状态查询信息如表 6-7 所示。

表 6-7　航班状态查询接口信息表

URL	http://localhost:8080/SunshineAirlines/getFlightStatus?departureDate=Param1&startPage=Param2&pageSize=Param3
Sample URL	http://localhost:8080/SunshineAirlines/getFlightStatus?departureDate=2019-08-16&startPage=1&pageSize=10
Method	POST
URL Params	Param1: departureDate(出发日期) Param2: startPage(开始页码,起始页为 1，默认 1) param3: pageSize (每页记录条数，默认 10)

Success Response	```json
	{
	    "data": [
	        {
	            "ScheduleId": 926,
	            "FlightNumber": "116",
	            "DepartureAirportIATA": "CDG",
	            "DepartCityName": "Paris",
	            "ArrivalAirportIATA": "PVG",
	            "ArriveCityName": "Shanghai",
	            "Date": "2019-08-16 03:00:00",
	            "Time": "03:00:00",
	            "ActualArrivalTime": "2019-08-16 05:30:00",
	            "Gate": "D11",
	            "FlightTime": 150
	        }
	    ],
	    "flag": "success",
	    "page": {
	        "pageSize": 10,
	        "startPage": 1,
	        "total": 19
	    }
	}
	``

备注	"ScheduleId": "航班计划 id", "FlightNumber": "航班号", "DepartureAirportIATA": "出发机场代码", "DepartCityName": "出发城市名", "ArrivalAirportIATA": "到达机场代码", "ArriveCityName": "到达城市名", "Date": "起飞日期", "Time": "起飞时间", "ActualArrivalTime": "实际到达时间", "Gate": "登机口",

"FlightTime": "飞行时间"

8）航班计划查询（管理员）接口

航班计划查询信息如表 6-8 所示。

表 6-8　航班计划查询接口信息表

URL	http://localhost:8080/SunshineAirlines/getSchedule?fromCity=Param1&toCity=Param2&startDate=Param3&endDate=Param4
Sample URL	http://localhost:8080/SunshineAirlines/getSchedule?fromCity=Beijing&toCity=Hong Kong&startDate=2019-08-06&endDate=2019-09-06
Method	POST
URL Params	Param1: fromCity(出发地) Param2: toCity(目的地) Param3: startDate(开始时间) Param4: endDate(结束时间)

Success Response	```
	{
	    "data": [
	        {
	            "ScheduleId": 1,
	            "Date": "2019-08-06 08:00:00",
	            "Time": "08:00:00",
	            "DepartureAirportIATA": "PEK",
	            "DepartCityName": "Beijing",
	            "ArrivalAirportIATA": "HKG",
	            "ArriveCityName": "Hong Kong",
	            "Name": "Boeing 737-800",
	            "EconomyPrice": 2027.00,
	            "FlightNumber": "101",
	            "Gate": "G33",
	            "Status": "Confirmed"
	        }
	    ],
	    "flag": "success"
	}
	``

备注	"ScheduleId": "航班计划 Id" "Date": "起飞日期" "Time": "起飞时间" "DepartureAirportIATA": "出发机场代码" "DepartCityName": "出发城市" "ArrivalAirportIATA": "到达机场代码" "ArriveCityName": "到达城市"

"Name": "机型" "EconomyPrice": "经济舱价格" "FlightNumber": "航班号" "Gate": "登机口", "Status": "Confirmed"——航班计划状态 Confirmed—确认，Canceled—取消	

9）机票售出详情（根据航班计划 id）接口

机票售出详情信息如表 6-9 所示。

表 6-9　机票售出详情接口信息表

URL	http://localhost:8080/SunshineAirlines/getScheduleDetail?scheduleId=Param1
Sample URL	http://localhost:8080/SunshineAirlines/getScheduleDetail?scheduleId=23
Method	POST
URL Params	param1: scheduleId(航班计划 id)
| Success Response | ```
{
    "data": {
    "ScheduleInfo": {
            "ScheduleId": 23,
            "Date": "2019-08-28 08:00:00",
            "Time": "08:00:00",
            "AircraftId": 1,
            "RouteId": 1,
            "EconomyPrice": 878.00,
            "FlightNumber": "101",
            "Gate": "G33",
            "Status": "Confirmed",
            "DepartureAirportIATA": "PEK",
            "ArrivalAirportIATA": "HKG",
            "Distance": 1900,
            "FlightTime": 95,
            "Name": "Boeing 737-800",
            "FirstSeatsLayout": "2*4",
            "FirstSeatsAmount": 8,
            "BusinessSeatsLayout": "10*6",
            "BusinessSeatsAmount": 60,
            "EconomySeatsLayout": "20*6",
            "EconomySeatsAmount": 120
        },
        "TicketInfoList": [
            {
``` |
```

```
                                    "CabinTypeId": 1,
                                    "SelectedCounts": 28,
                                    "SoldCounts": 28
                            }
                    ],
                    "SelectedSeatList": [
                            {
                                    "CabinTypeId": 3,
                                    "ColumnName": "A",
                                    "RowNumber": 1
                            }
                    ],
                    "SeatLayoutList": [
                            {
                                    "Id": 1,
                                    "RowNumber": 1,
                                    "ColumnName": "A",
                                    "CabinTypeId": 3,
                                    "AircraftId": 1
                            }
                    ]
            }
        "flag": "success"
}
{
"data": "航班计划不存在",
        "flag": "fail"
}
```

ScheduleInfo 航班计划信息
"ScheduleId": 航班计划 id
"Date": "起飞日期"
"Time": "起飞时间"
"AircraftId": 机型, 1—Boeing 737-800，2—Airbus 319
"RouteId": 航线 id
"EconomyPrice": 经济舱价格
"FlightNumber": "航班号"
"Gate": "登机口"
"Status": "航班计划状态 Confirmed—确认，Canceled—取消"
"DepartureAirportIATA": "出发机场代码"
"ArrivalAirportIATA": "到达机场代码"
"Distance": 航线距离
"FlightTime": "飞机时间"
"Name": "机型名"

备注

"FirstSeatsLayout": "头等舱布局"

"FirstSeatsAmount": 头等舱座位数

"BusinessSeatsLayout": "商务舱布局"

"BusinessSeatsAmount": 商务舱座位数

"EconomySeatsLayout": "经济舱布局",

"EconomySeatsAmount": 经济舱座位数

TicketInfoList 航班票务信息

"CabinTypeId": "舱位类型 1—经济舱，2—商务舱，3—头等舱"

"SelectedCounts": 已选座票数

"SoldCounts": 已售票数

SelectedSeatList 航班座位信息（该航班已选座的座位信息）

"CabinTypeId": "舱位类型 1—经济舱，2—商务舱，3—头等舱"

"RowNumber": "座位排"

"ColumnName": "座位列名"

SeatLayoutList 航班座位布局信息（该航班机型对应的座位信息）

Boeing 737-800 座位编号从 1 到 188

Airbus 319 座位编号从 189 到 350

"Id": 座位编号

"RowNumber": "座位排"

"ColumnName": "座位列名"

"CabinTypeId": "舱位类型,1—经济舱，2—商务舱，3—头等舱"

"AircraftId": "机型编号,1—Boeing 737-800，2—Airbus 319"

10）航班计划状态修改接口

航班计划状态修改信息如表 6-10 所示。

表 6-10　航班计划状态修改信息表

URL	http://localhost:8080/SunshineAirlines/updateSchedule?scheduleId=Param1&status=Param2
Sample URL	http://localhost:8080/SunshineAirlines/updateSchedule?scheduleId=1&status=Canceled
Method	POST
URL Params	Param1: scheduleId(航班计划 id) Param2: status(航班状态)——Confirmed、Canceled

Success Response	{
	　　"flag": "success"
	}
	
	{

	"data": "航班计划不存在",
	"flag": "fail"
	}

11）航班计划查询（用户）接口

航班计划查询信息如表 6-11 所示。

表 6-11　航班计划查询信息表

URL	http://localhost:8080/SunshineAirlines/getSearchFlight?fromCity=Param1&toCity=Param2&departureDate=Param3&cabinTypeId=Param4&flightType=Param5
Sample1 URL	无中转 http://localhost:8080/SunshineAirlines/getSearchFlight?fromCity=Beijing&toCity=Hong Kong&departureDate=2019-08-29&cabinTypeId=3&flightType=Non-stop
Sample2 URL	有中转 http://localhost:8080/SunshineAirlines/getSearchFlight?fromCity=Rome&toCity=Shanghai&departureDate=2019-08-29&cabinTypeId=3&flightType=1-stop
Method	POST
URL Params	Param1: fromCity(出发地) Param2: toCity(目的地) Param3: departureDate(出发日期) Param4: cabinTypeId (舱位类型 Id) 1—Economy，2—Business，3—First Param5: flightType(航班类型) All—全部，Non-stop—直达，1-stop—中转 1 次
Success Response	无中转 { 　　"flag":"success", 　　"data":[　　　{ "ScheduleId":24, "EconomyPrice":2792, "FlightNumber":"101", "AllCount":23, "DelayCount":4, "NotDelay":19, "DepartureAirportIATA":"PEK", "DepartCityName":"Beijing", "Date":"2019-08-29 08:00:00", "Time":"08:00:00", "ArrivalAirportIATA":"HKG", "ArriveCityName":"Hong Kong", "PreArrivalTime":"2019-08-29 09:35:00",	有中转 { 　　"flag":"success", 　　"data":[　　　{ "S1ScheduleId":2265, "S1EconomyPrice":3055, "S1FlightNumber":"161", "S1AllCount":14, "S1DelayCount":3, "S1NotDelay":11, "S1DepartureAirportIATA":"FCO", "S1DepartCityName":"Rome", "S1Date":"2019-08-29 07:00:00", "S1Time":"07:00:00", "S1ArrivalAirportIATA":"HKG", "S1ArriveCityName":"Hong Kong", "S1PreArrivalTime":"2019-08-29 13:40:00",

<table>
<tr><td rowspan="1"></td><td>

"FlightTime":95,
"ResidueTickets":6,
"FirstSeatsAmount":8,
"BusinessSeatsAmount":60,
"EconomySeatsAmount":120,
"FlightType":"Non-stop"
}
   ]
}

</td><td>

"S1FlightTime":400,
"S1ResidueTickets":8,
"S1FirstSeatsAmount":8,
"S1BusinessSeatsAmount":60,
"S1EconomySeatsAmount":120,
"S2ScheduleId":2330,
"S2EconomyPrice":1081,
"S2FlightNumber":"162",
"S2AllCount":14,
"S2DelayCount":3,
"S2NotDelay":11,
"S2DepartureAirportIATA":"HKG",
"S2DepartCityName":"Hong Kong",
"S2Date":"2019-08-29 16:00:00",
"S2Time":"16:00:00",
"S2ArrivalAirportIATA":"SHA",
"S2ArriveCityName":"Shanghai",
"S2PreArrivalTime":"2019-08-29 21:00:00",
"S2FlightTime":300,
"S2ResidueTickets":12,
"S2FirstSeatsAmount":12,
"S2BusinessSeatsAmount":60,
"S2EconomySeatsAmount":90,
"FlightType":"1-stop"
}
]
}

</td></tr>
<tr><td>备注</td><td>

"ScheduleId": 航班计划 id
"EconomyPrice": 经济舱价格
"FlightNumber": "航班号"
"Allcount": 30 天内该航班实际执行的航班数量
"Delaycount": 30 天内该航班延误的航班数量
"Notdelay": 30 天内该航班没有延误的航班数量
"DepartureAirportIATA":出发机场码
"DepartCityName": "出发城市名"
"Date": "起飞日期"
"Time": "起飞时间"
"ArrivalAirportIATA": 到达机场码
"ArriveCityName": "到达城市名"

</td><td>

"S1ScheduleId": 行程 1 航班计划 id
"S1EconomyPrice": 行程 1 经济舱价格
"S1FlightNumber": "行程 1 航班号"
"S1AllCount":行程 1，30 天内该航班实际执行的航班数量
"S1DelayCount":行程 1，30 天内该航班延误的航班数量
"S1NotDelay":行程 1，30 天内该航班没有延误的航班数量
"S1DepartureAirportIATA":行程 1 出发机场码
"S1DepartCityName": "行程 1 出发城市名"
"S1Date": 行程 1 起飞日期
"S1Time": "行程 1 起飞时间"
"S1ArrivalAirportIATA": 行程 1 到达机场码

</td></tr>
</table>

"PreArrivalTime": "计划到达时间" "FlightTime": "飞行时间" "ResidueTickets": 余票 "FirstSeatsAmount": 头等舱座位数 "BusinessSeatsAmount": 商务舱座位数 "EconomySeatsAmount": 经济舱座位数 "FlightType": "飞行类型" ——直达, Non-stop,中转 1-stop	"S1ArriveCityName": "行程 1 到达城市名" "S1PreArrivalTime": "行程 1 计划到达时间" "S1FlightTime": "行程 1 飞行时间" "S1ResidueTickets": 行程 1 余票 "S1FirstSeatsAmount": 行程 1 头等舱座位数 "S1BusinessSeatsAmount": 行程 1 商务座数量 "S1EconomySeatsAmount": 行程 1 经济舱座位数 "S2ScheduleId": 行程 2 航班计划 id "S2EconomyPrice": 行程 2 经济舱价格 "S2FlightNumber": "行程 2 航班号" "S2AllCount":行程 2,30 天内该航班实际执行的航班数量 "S2DelayCount":行程 2,30 天内该航班延误的航班数量 "S2NotDelay":行程 2,30 天内该航班没有延误的航班数量 "S2DepartureAirportIATA":行程 2 出发机场码 "S2DepartCityName": "行程 2 出发城市名" "S2Date": 行程 2 起飞日期 "S2Time": "行程 2 起飞时间" "S2ArrivalAirportIATA":行程 2 到达机场码 "S2ArriveCityName": "行程 2 到达城市名" "S2PreArrivalTime": "行程 2 计划到达时间" "S2FlightTime": "行程 2 飞行时间" "S2ResidueTickets": 行程 2 余票 "S2FirstSeatsAmount": 行程 2 头等舱座位数 "S2BusinessSeatsAmount": 行程 2 商务舱座位数 "S2EconomySeatsAmount": 行程 2 经济舱座位数 "FlightType": "飞行类型" ——直达, Non-stop,中转 1-stop

6.2 项目要求

6.2.1 创建 "登录"

登录界面允许用户登录到系统中, 登录成功后根据用户角色跳转到不同的主界面, 效果如图 6-18 所示。

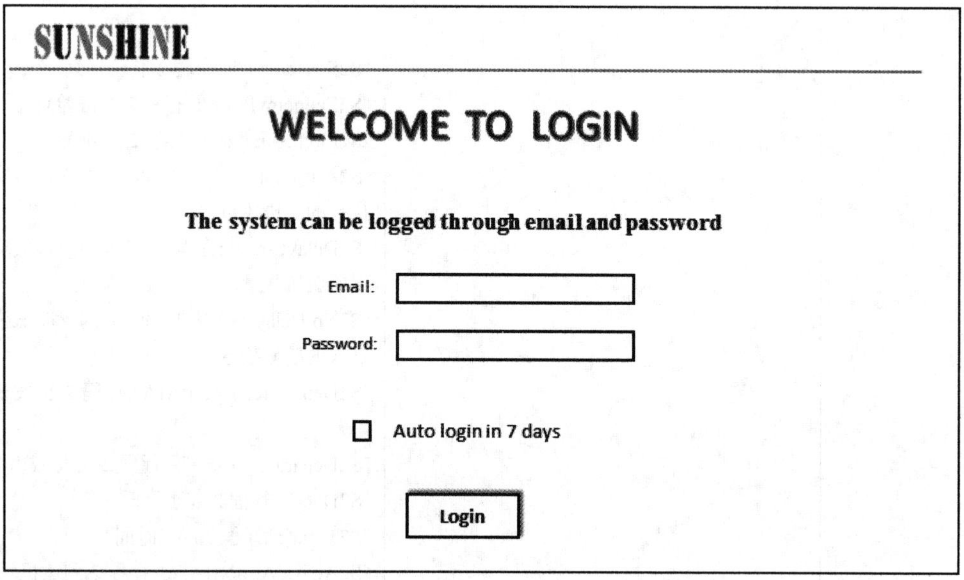

图 6-18 登录页面

本系统包括两种用户角色, 分别是员工和管理员。成功登录后, 按照他们的角色跳转到不同的主界面。该界面需要包含以下信息:

(1) 网页 logo 与欢迎语;

(2) 登录提示语;

(3) Email: 用户邮箱, 格式为: ASDF@163.com;

(4) Password: 用户密码;

(5) Auto login in 7 days: 7 天内自动登录;

(6) 勾选 "Auto login in 7 days", 应用程序能够 7 天内记住登录成功的 Email 和 Password, 7 天之内在该计算机运行程序可自动登录系统;

(7) Login: 登录按钮;

（8）用户正确输入 Email、Password 后，单击"Login"按钮可成功登录系统中。当所输入信息有误时，请给出必要提示。

6.2.2　创建"员工菜单和管理员菜单"

用户登录成功后进入相应的用户身份菜单界面。系统内有两种不同类型的角色，根据角色不同显示的菜单也不相同，具体表现如下。

员工菜单如图 6-19 所示，包含以下 3 个功能：

（1）Search Flights：查询航班；

（2）Flight Status：航班动态；

（3）Logout：注销，实现切换用户功能。

SUNSHINE		Office User Menu
Search Flights	Flight Status	Logout

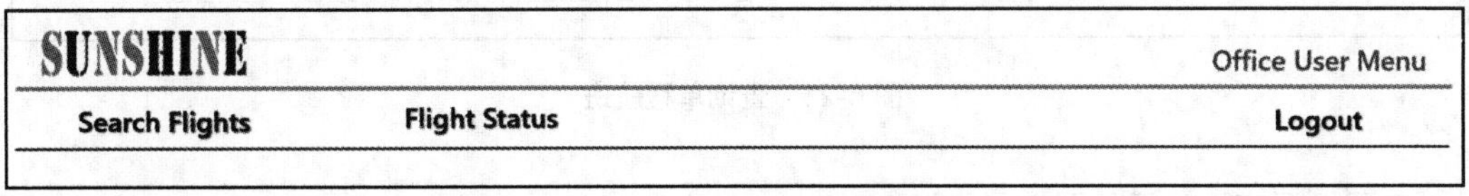

图 6-19　员工菜单

管理员菜单如图 6-20 所示，包含以下 3 个功能：

（1）Flight Schedule Management：航班计划管理；

（2）User Management：用户管理；

（3）Logout：注销，实现切换用户功能。

用户身份菜单及各级子菜单界面均需显示当前用户身份菜单名称。

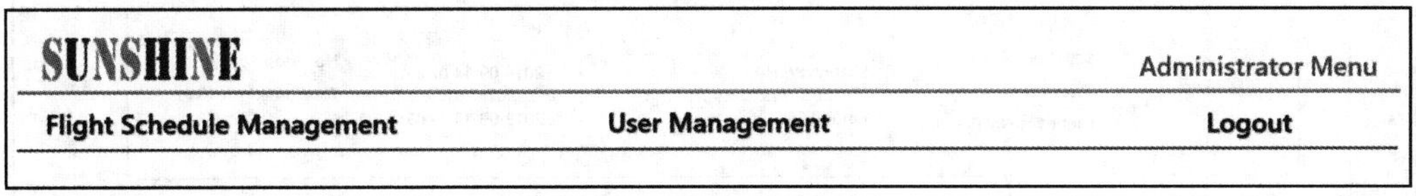

SUNSHINE		Administrator Menu
Flight Schedule Management	User Management	Logout

图 6-20　管理员菜单

6.2.3　创建"查询航班"

单击员工菜单"Office User Menu"界面中的"Search Flights"菜单项时，将会打开此界面。单程机票查询效果如图 6-21 所示。

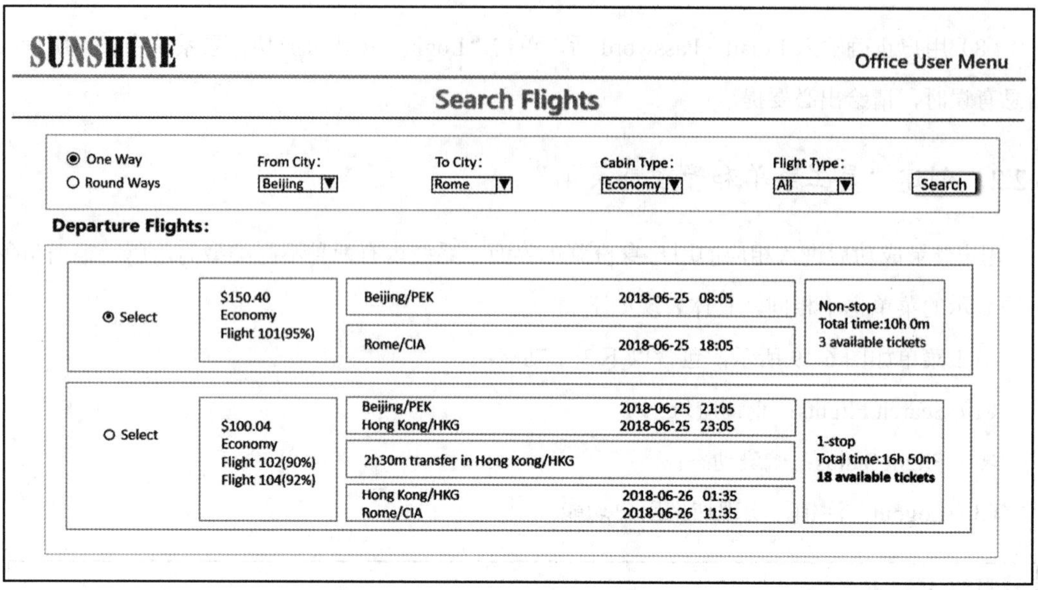

图 6-21　查询单程航班

双程机票查询效果如图 6-22 所示。

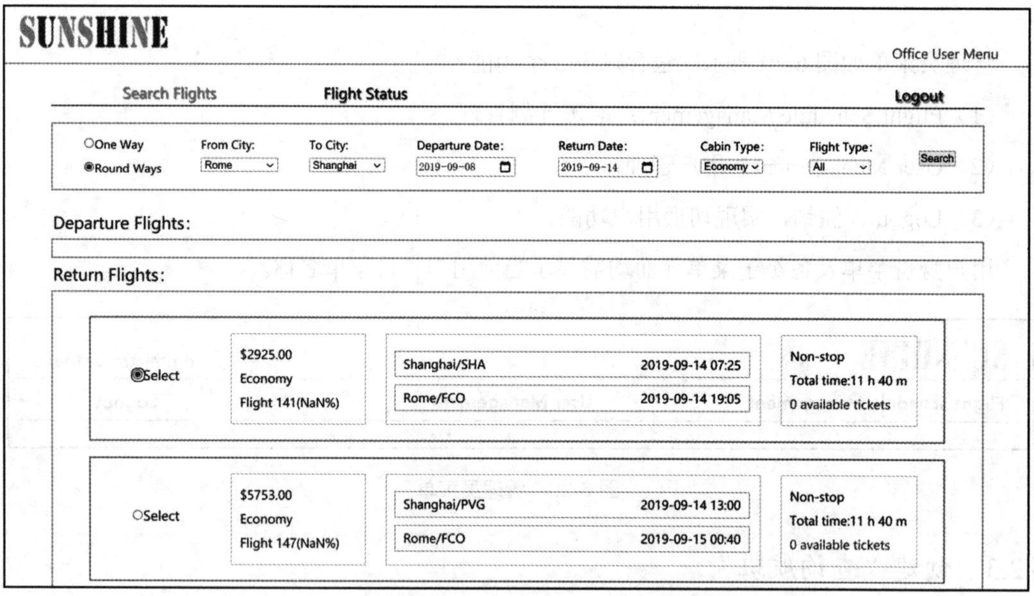

图 6-22　查询双程航班

员工可以通过此界面查询航班，查询结果按照航班出发时间升序显示。该界面包含以下内容。

（1）搜索栏。

① One Way/Round Ways：单程查询或双程查询。

② From City：出发城市，按照城市名称升序显示。

③ To City：目的城市，按照城市名称升序显示。

④ Departure Date：出发日期，仅显示今天及之后的日期。

⑤ Return Date：返回日期，仅显示出发日期及其之后的日期。仅在"Round Ways"被选中时才显示，当 Return Date 不显示时，查询区域应能动态适应，无论 Return Date 显示与否，各控件的布局都应整齐美观。

⑥ Cabin Type：舱位类型，包括以下内容。

- First：头等舱；

- Business：商务舱；

- Economy：经济舱。

⑦ Flight Type：航班类型，包括以下内容。

- All：全部类型；

- Non-stop：直达；

- 1-stop：中转 1 次。

⑧ Search：搜索按钮，单点击后显示所查询航班信息。

（2）信息栏。

① Price：机票价格，以美元价格显示，保留两位小数。

② Cabin Type：舱位类型。

③ Flight Number：航班号。

④ On time rate：航班准点率（航班准点率计算方法：在最近 30 天内，航班降落时间比计划降落时间延迟 15 分钟以上或航班取消的情况称为延误。将出现延误情况的航班数除以 30 天内实际执行的航班数量得出延误率。准点率=100%－延误率），结果保留整数（四舍五入）。若该航班在过去的 30 天未运营，则不显示。

⑤ Departure City and Airport IATA Code：出发城市及机场代码。

⑥ Departure DateTime：出发时间，显示格式为 YYYY-MM-DD HH：MM。

⑦ Arrival City and Airport IATA Code：到达城市及机场代码。

⑧ Arrival DateTime：到达时间，显示格式为 YYYY-MM-DD HH：MM。

⑨ Total Time：总时间，为出发时间与到达时间的时间差。

⑩ Available tickets：余票数量。当余票数量小于或等于 3 时，以红色显示。

Select：选择按钮，可对查询的航班进行选择

对于中转航班，应显示前半程和后半程 2 个航班号，还应显示中转时间（格式为 HH：MM）和中转机场。商务舱的价格比经济舱贵 25%，头等舱价格比经济舱贵 50%，当出现小数时，需要四舍五入保留 2 位小数。中转航班的前半程航班到达时间与后半程航班出发时间应至少有 2 个小时（包含）的时间间隔，以便于客户有足够的时间办理中转手续；最多只能有 9 个小时（包含）的时间间隔，以免客户候机时间过长。

当员工选择的返程航班的出发时间小于出发航班的出发时间应给予提示。用户查询一次航班之后，系统应记录用户上次查询的出发地和目的地，在下一次打开界面时自动将信息显示出来。

6.2.4 创建“航班动态”

单击员工菜单“Office User Menu”界面中的 “Flight Status”菜单项时，将会打开如图 6-23 所示的界面。

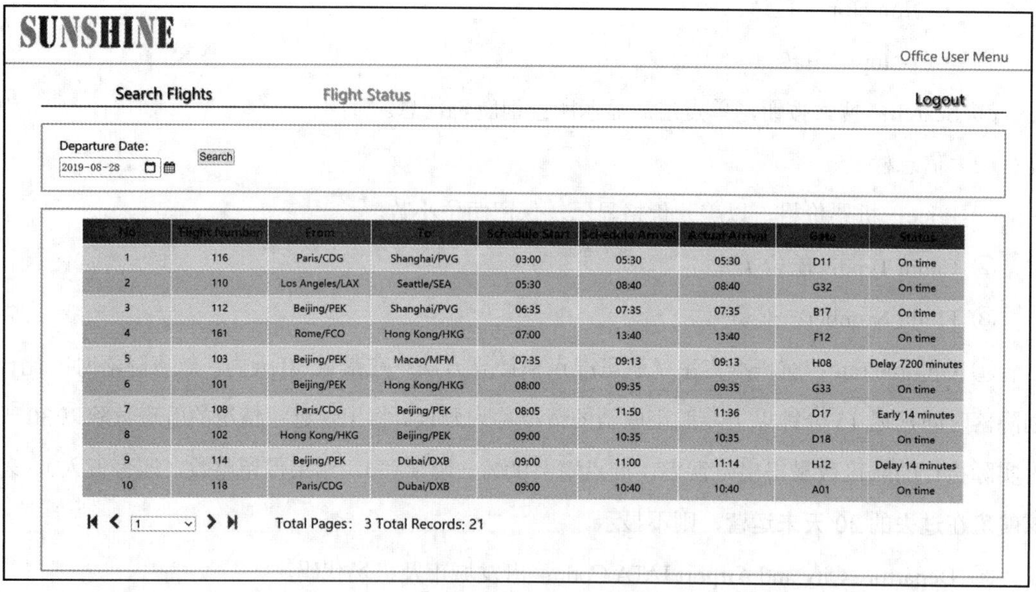

No	Flight Number	From	To	Schedule Start	Schedule Arrival	Actual Arrival	Gate	Status
1	116	Paris/CDG	Shanghai/PVG	03:00	05:30	05:30	D11	On time
2	110	Los Angeles/LAX	Seattle/SEA	05:30	08:40	08:40	G32	On time
3	112	Beijing/PEK	Shanghai/PVG	06:35	07:35	07:35	B17	On time
4	161	Rome/FCO	Hong Kong/HKG	07:00	13:40	13:40	F12	On time
5	103	Beijing/PEK	Macao/MFM	07:35	09:13	09:13	H08	Delay 7200 minutes
6	101	Beijing/PEK	Hong Kong/HKG	08:00	09:35	09:35	G33	On time
7	108	Paris/CDG	Beijing/PEK	08:05	11:50	11:36	D17	Early 14 minutes
8	102	Hong Kong/HKG	Beijing/PEK	09:00	10:35	10:35	D18	On time
9	114	Beijing/PEK	Dubai/DXB	09:00	11:00	11:14	H12	Delay 14 minutes
10	118	Paris/CDG	Dubai/DXB	09:00	10:40	10:40	A01	On time

图 6-23 航班状态

员工可以通过该界面查看航班动态，该界面包含以下内容。

（1）搜索栏。

① Departure Date：出发日期选择框，出发日期选择框仅显示今天及今天之前的日期，查询结果按照计划起飞时间和航班号升序显示。

② Search：查询按钮，单击显示查询结果。所有记录按页显示，每页显示 10 条记录。

（2）信息栏。

（3）NO.：序号。

（4）Flight Number：航班号。

（5）From：出发地：包括城市名称与机场代码，用"/"间隔。

（6）To：目的地，包括城市名称及机场代码，用"/"间隔。

（7）Schedule Start：计划起飞时间，格式为 HH：MM。

（8）Schedule Arrival：计划到达时间，格式为 HH：MM。

（9）Actual Arrival：实际到达时间，格式为 HH：MM。

（10）Gate：登机口。

（11）Status：状态，描述航班早到或晚到的分钟。

6.2.5　创建"航班计划管理"

单击管理员菜单"Administrator Menu"界面中的航班计划管理 "Flight Schedule Management"菜单项时，将会打开如图 6-24 所示的界面。

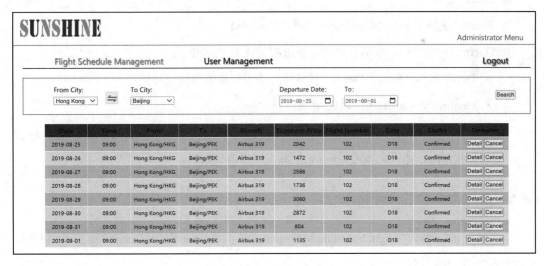

图 6-24　航班计划管理

管理员可以通过该界面管理航班计划，该界面包含以下内容。

（1）搜索栏。

① From City：出发城市。

② To City：目的城市。

③ Exchange：单击搜索栏中"Exchange"图标能够互换 From 和 To 组合框中的内容。

④ Departure Date：出发日期。

⑤ To：截止出发日期。

⑥ Search：查询按钮，单击后显示查询结果。

（2）信息栏。

① Date：出发日期，格式为 YYYY-MM-DD。

② Time：起飞时间,格式为 HH：MM。

③ From：出发地，包括城市名称与机场代码，用"/"间隔。

④ To：目的地，包括城市名称与机场代码，用"/"间隔。

⑤ Aircraft：飞机类型。

⑥ Economy Price：经济舱价格，以整数形式显示，如有小数进行四舍五入。

⑦ Flight Number：航班号。

⑧ Gate：登机口。

⑨ Status：航班状态，"Confirmed"或"Canceled"。

⑩ Operater：操作栏，包括机票详情按钮和确认/取消按钮。

- Detail 按钮：单击"Detail"按钮可以查看机票售出情况详情；
- Confirmed/ Canceled：确认/取消按钮。

当航班为"Confirmed"状态时，按钮文案为 Cancel，单击可以取消航班；当航班为"Canceled"状态时，按钮文案为 Confirm，单击可以确认航班。

6.2.6 创建"机票售出详情"

单击航班计划管理"Flight Schedule Management"界面中的详情"Detail"链接时，将会打开如图 6-25 所示的界面。

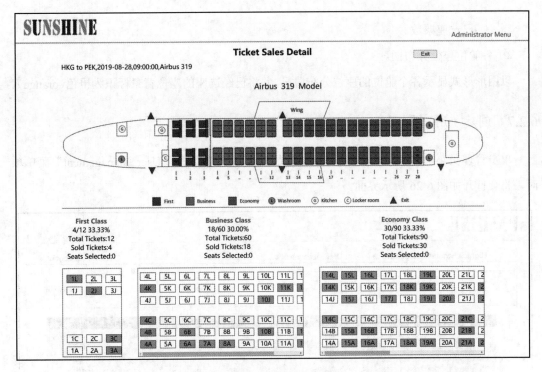

图 6-25 机票售出详情

该界面可以查看机票售出详情，该界面包含以下内容。

（1）页面标题：Ticket Sales Detail。

（2）航班信息：

- 出发机场代码 to 目的机场代码，如 PEK to CIA；
- 出发日期：格式为 YYYY-MM-DD；
- 起飞时间：格式为 HH：MM；
- 机型：如 Boeing 737-800。

（3）机型图。

① 各舱位机票详情：

- 舱位名称；
- 已售机票数与总机票数比；
- 机票售出百分比（四舍五入保留 2 位小数）；
- 总机票数；
- 已售机票数；

· 已选座票数。

② 各舱位座位分布图。

以图形形式显示各个舱位的座位分布情况，并将已经选座的座位背景标识为橙色（orange）。

6.2.7　创建"用户管理"

单击管理员菜单"Administrator Menu"界面中的用户管理　"User Management"菜单项时，将会打开如图 6-26 所示界面。

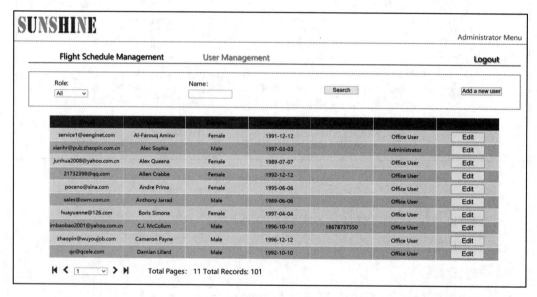

图 6-26　用户管理

管理员可以通过该界面进行用户查询与用户管理，该界面包含以下内容。

（1）搜索栏。

① Role：用户身份。

· All：全部；

· Office User：用户；

· Administrator：管理员。

② Name：用户姓名。

③ Search：搜索按钮。

管理员可以通过该界面进行用户管理，根据角色和用户名称进行模糊查询。查询结果根据用户名称升序显示，并实现分页功能，每页显示 10 条记录。

④ Add a new user：添加新用户。

单击"Add a new user"按钮，打开"Add User"界面，可以在该界面完成创建用户操作。

（2）信息栏。

① Email：用户邮箱；

② Name：用户姓名；

③ Gender：用户性别；

④ Date of Birth：用户生日；

⑤ Phone：用户电话号码；

⑥ Role：用户身份。

（3）操作栏。

① 首页按钮；

② 前一页按钮；

③ 页面选择框；

④ 后一页按钮；

⑤ 末页按钮；

⑥ Total Pages：总页数；

⑦ Total Record：总记录数；

⑧ Edit：编辑按钮。

单击"Edit"按钮，打开"Edit User"界面，可以在该界面完成编辑用户操作。

6.2.8　创建"添加/编辑用户"

单击用户管理"User Management"界面中的添加新用户"Add a new user"或编辑用户"Edit"按钮，将会打开如图 6-27 所示的界面。

管理员可以通过该界面进行添加用户或编辑用户的操作，该界面包含以下内容。

（1）Email：用户邮箱。

管理员可以通过该界面添加/编辑用户。添加新用户时，用户的 Email 应符合要求。修改用户信息时，Email 是不可修改的。

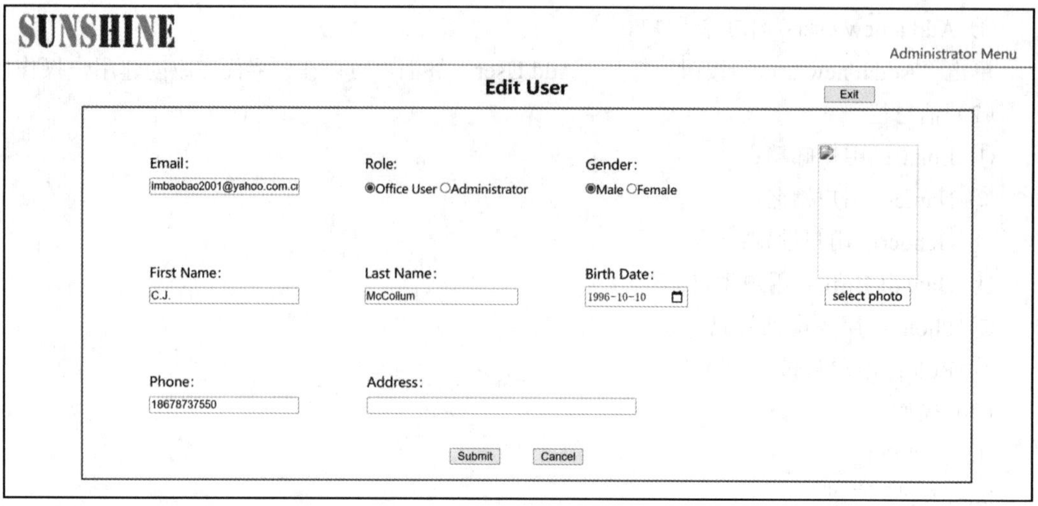

图 6-27　添加/编辑用户

（2）Role：用户身份。

- Office User：员工；

- Administrator：管理员。

（3）Gender：性别。

- Male：男；

- Female：女。

（4）First Name：名。

（5）Last Name：姓。

（6）Birth Date：生日。

（7）Phone：电话号码。

（8）Address：地址。

（9）照片显示框。

（10）Select Photo：选择照片，单击"select photo"按钮可以上传用户照片，照片能够存储到系统中，该系统仅允许存储小于或等于 100 KB 的照片。

（11）Submit：录入按钮，用户信息填写完毕后单击"Submit"按钮对用户进行保存。当用户信息未全部填写完成时，单击"Submit"按钮会弹出必要的填写提示。

（12）Cancel：取消按钮，可单击"Cancel"按钮，取消编辑同时跳转至上一级界面。

6.3 项目功能实现

航空管理系统前端项目分为员工和管理员两种角色，主要包括 7 个 HTML 页面，分别是登录页面 Login.html、2 个员工页面（查询航班 OfficeUserMenu.html 和航班状态 FlightStatus.html）、4 个管理员界面（航班计划管理 AdministratorMenu.html、机票售出详情 TicketSalesDetail.html、用户管理 UserManagement.html、添加/编辑用户 EditUser.html），这 7 个 HTML 页面代码已经给出，接下来需要实现的是 JS 动态效果，内容如下。

（1）登录页面 Login.html：根据用户角色跳转到不同的主界面，7 天自动登录。

（2）员工界面：

① 查询航班 OfficeUserMenu.html：航班分为单程和双程，根据城市、时间、机票类型、航班类型查询，结果按照航班出发时间升序显示，实现退出登录。

② 航班动态 FlightStatus.html：根据出发时间查询航班，结果按照计划起飞时间和航班号升序显示，并实现分页，实现退出登录。

（3）管理员界面：

① 航班计划管理 AdministratorMenu.html：根据城市、时间查询，结果按照航班出发时间升序显示，实现退出登录。

② 机票售出详情 TicketSalesDetail.html：显示所选航班的机票售出详情，包括基础信息、不同机票类型的售出情况、售出机位标出颜色。

③ 用户管理 UserManagement.html：根据用户身份或者姓名查询用户信息，并实现分页，实现退出登录。

④ 添加/编辑用户 EditUser.html：进行添加用户或编辑用户的基础信息。

在以上 7 个 HTML 页面中，每个页面都有需要实现的功能，从而每个页面都需要单独创建一个 JS 文件。另外，有些页面的功能重复，如有 2 个页面需要实现分页，且有 4 个页面需要退出登录，因此可以将这两个功能单独创建在一个 JS 文件中，需要使用时调用该文件。因此，最终应该创建 8 个 JS 文件，为保证调用不出错，7 个 HTML 文件和 7 个 JS 文件的命名最好一致，另外一个公共的 JS 文件单独命名为 public.js。

根据上述分析，HTML 文件和 JS 文件对应关系应该如下。

（1）登录页面 Login.html：Login.js。

（2）用户界面：

① 查询航班 OfficeUserMenu.html：OfficeUserMenu.js 和 public.js。

② 航班动态 FlightStatus.html：FlightStatus.js 和 public.js。

（3）管理员界面：

① 航班计划管理 AdministratorMenu.html：AdministratorMenu.js 和 public.js。

② 机票售出详情 TicketSalesDetail.html：TicketSalesDetail.js。

③ 用户管理 UserManagement.html：UserManagement.js 和 public.js。

④ 添加/编辑用户 EditUser.html：EditUser.js。

6.3.1　登录页面

登录页面需要实现账号信息判断和 7 天自动登录两个功能，其中账号信息判断会出现以下 3 种情况：

（1）信息不对，提示账号或密码错误；

（2）信息正确，判断为员工身份，跳转到用户查询航班页面；

（3）信息正确，判断为管理员身份，跳转到管理员的航班计划管理页面。

登录页面的初始效果如图 6-28 所示。

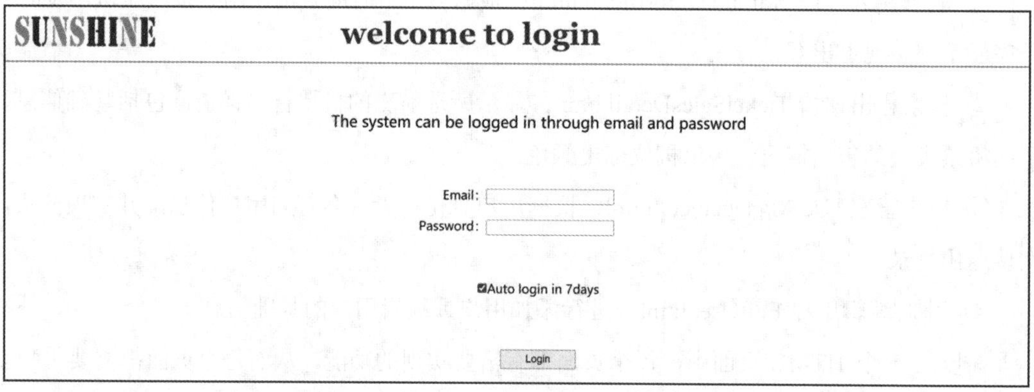

图 6-28　登录页面初始效果图

1. 账号信息判断

单击登录页面的"Login"按钮时，会激发其单击事件，该事件只需判断用户输入的账号信息是否能够成功登录。因为账号信息都存储在后台数据库中，所以需要使用 ajax 调用后台接口，JS 代码如下：

```
$(document).ready(function () {
    $(".loginbutton").click(function () {
```

```
        var email=$(".email").val();
        var password=$(".password").val();
        var param="email="+email+"&password="+password;
        $.ajax({
            type: "post",
            url: "http://localhost:8080/SunshineAirlines/login",
            data: param,
            success: function (msg) {
                var json=JSON.parse(msg);
                if (json.flag=="fail") {
                    $(".alertInfo").text(json.data);
                } else {
                    var user=json.data;
                    //七天登录复选框判断
                    if ($(".is7day").is(":checked")) {
                        user.loginDate=new Date();
                    }
                    //缓存到浏览器本地
                    localStorage.setItem("user", JSON.stringify(user));
                    jump(user);
                }
            }
        })
    })
})
```

在上述代码中，ajax 部分的使用代码如下：

```
$.ajax({
    type: "post",
    url: "http://localhost:8080/SunshineAirlines/login",
    data: param,
    success: function (msg) { ··· }
})
```

其表示的含义如下。

（1）type：表示使用 post 的数据请求方式访问接口。

（2）url 和 data：表示接口的网址是 http://localhost:8080/SunshineAirlines/login/param，其中 param 参数由 data 属性传入，其值在前面已定义，存储的是用户输入的邮箱和密码信息，代码为 " var param="email="+email+"&password="+password;"。例如，输入的邮箱和密码分别是 "aaa@aaa" 和 "aaa"，那么接口网址就是 http://localhost:8080/SunshineAirlines/login/email=aaa@aaa&password=aaa。

（3）success：表示当接口访问成功后执行的操作。

使用 ajax 访问接口时，可以观察返回的数据 msg 参数，如图 6-29 所示。

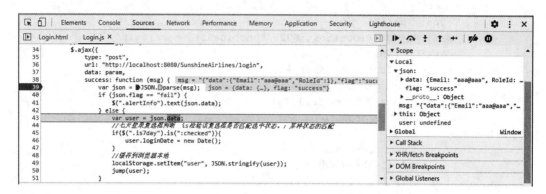

图 6-29　msg 参数

接口返回的数据都存储在 msg 变量中，通过 JSON 格式化该参数，可以获取其中信息，从图 6-29 和前面接口信息表可知，主要包括以下 2 个信息。

（1）data 信息：包含邮箱 Emial 和角色编号 RoleId。

（2）flag 标识：标识接口访问状态，成功是"success"，失败是"fail"。

在用户登录接口信息表 6-1 中，用户编号 RoleId 值有 1 和 2，1 表示员工，2 表示管理员。根据用户的 RoleId，使用 if 判断跳转的页面，JS 代码如下：

```
function jump(user) {
    if (user.RoleId==1) {
        location.href="./OfficeUserMenu.html";
    } else if (user.RoleId==2) {
        location.href="./AdministratorMenu.html";
    }
}
```

2. 7 天自动登录

7 天自动登录的实现需要保存当前的用户账号信息，使用 HTML 的 localStorage 特性实现，JS 代码如下：

```
$(document).ready(function(){
    //判断是否需要自动登录 : 1.有缓存; 2.7 天期限未到
    var userStr=localStorage.getItem("user");
    try {
        //userStr 是字符串，需转化为对象
        var user=JSON.parse(userStr);
```

```
        //注意 user.date 是个字符串（json 字符串转化成对象后，每个字段值都是字符串）
        var loginDate=new Date(user.date);
        //getDate 获取当时日期，加 7 得到 7 天后日期，通过 setDate 设置，超过该月天数自动推
算到下一个月
        loginDate.setDate(loginDate.getDate()+7);
        if (new Date()<=loginDate) {
            jump(user);
        }
    } catch (e) {
        // alert("错误: "+e);
    }
})
```

　　在上述代码中，首先从缓存中获取用户信息，然后转换为 JSON 格式，并将其中的登录时间转换为日期格式，这样就可以通过 setDate()方法将保存的登录时间加上 7 天，以实现 7 天免登录。

6.3.2　用户查询航班

　　用户查询航班的页面初始效果如图 6-30、图 6-31 所示。

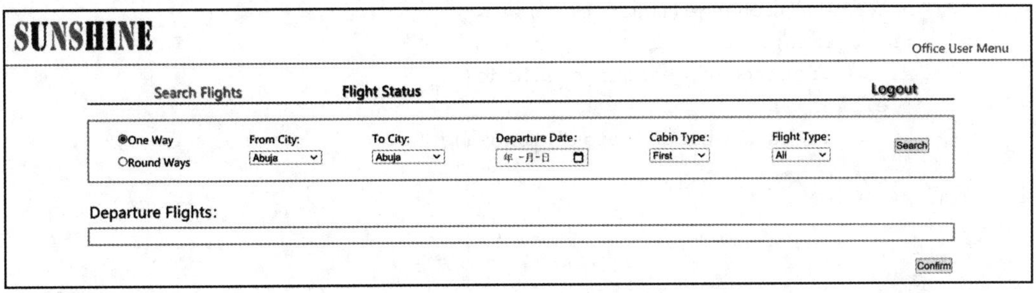

图 6-30　用户查询航班——One Way 初始页面

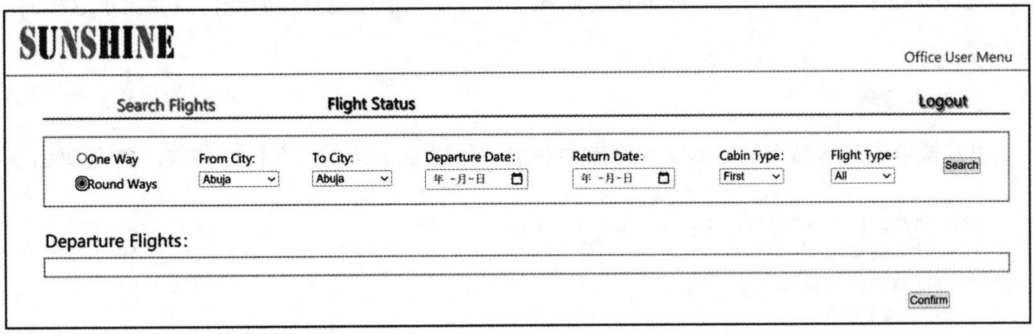

图 6-31　用户查询航——Round Ways 初始页面

在上述页面中需要实现的功能如下：

（1）单程航线 One Way 和往返双程航线 Round Ways 的单选，实现双程航线的页面比单程航线多一个 Return Date 日期选择框。

（2）出发城市 From City 和到达城市 To City 需要实现自动加载下载列表。

（3）Search 查询按钮能够按照所选的城市、时间、航线类型等信息查询航班信息。

1. 单程航线和双程航线

选择单程航线时，只有一个出发时间，选择双程航线时，应多显示一个返程出发时间，使用 hide()和 show()方法实现隐藏和显示返程出发时间，并且返程的出发时间应在出发时间的后面，因此需要设置返程出发时间的最小值。JS 代码如下：

```
$(document).ready(function () {
    // 出发日期选择
    $(".departureDate").change(function () {
        var departureDate=$(".departureDate").val();
        $(".returnDate").prop("min", departureDate);
    })
    // 设置单程和往返程
    $(".wayRadio").change(function () {
        if ($(this).val()==1) {
            $(".returnDateCondition").hide();
        } else {
            $(".returnDateCondition").show();
        }
    })
})
```

在上述代码中，"$(this).val()==1" 对应 HTML 中单选按钮 "One Way" 的 value 值 1，表示单程航线被选中，此时将返程时间设定隐藏；反之，表示往返双程航线，需要显示返程的时间设定。

2. 城市设置

出发城市和到达城市的数据从数据库中获取，使用 ajax 访问后台接口获取，JS 代码如下：

```
$(document).ready(function () {
    //初始化城市
    //加载往返的城市
    $.ajax({
        type: "post",
        url: "http://localhost:8080/SunshineAirlines/getCityNames",
        data: "",
```

```
    success: function (msg) {
        var json=JSON.parse(msg);
        if (json.flag=="success") {
            var optionHtml="";
            for (var i=0; i<json.data.length; i++) {
                optionHtml+="<option
value='"+json.data[i].CityName+"'>"+json.data[i].CityName+"</option>";
            }
            $(".fromCity").html(optionHtml);
            $(".toCity").html(optionHtml);
        }
    }
  })
})
```

上述代码中，使用 ajax 访问的接口是城市查询接口信息表(见表 6-6)，实现思路参照 6.3.1 小节用户登录中的 ajax 的接口访问的使用。运行上述代码后，页面中城市信息的显示如图 6-32 所示。

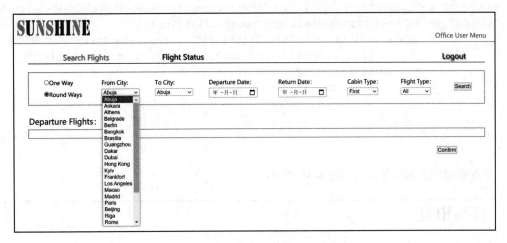

图 6-32　城市设置

3. 查询航班结果

根据单程航班和双程航班、出发和抵达城市、出发和返程时间、机票类型、有无中转等查询最终的航线信息，并按照航班出发时间升序排列。查询是在单击"Search"按钮后产生的，因此应设置"Search"按钮的单击事件，JS 代码如下：

```
$(document).ready(function () {
    // 查询"search"按钮的单击事件
    $(".searchFlight").click(function () {
```

```
        //1.获取条件值
        var fromCity=$(".fromCity").val();
        var toCity=$(".toCity").val();
        var departureDate=$(".departureDate").val();
        var cabinTypeId=$(".cabinType").val();
        var flightType=$(".flightType").val();
        var
paramStr="fromCity="+fromCity+"&toCity="+toCity+"&departureDate="+departureDate+
"&cabinTypeId="+cabinTypeId+"&flightType="+flightType;
        //2.判断单程票还是双程票
        if ($(".oneWay").prop("checked")) {
            //单程
            loadSearchList("departureFlightList", paramStr);
            $(".returnFlightTitle").hide();
            $(".returnFlightList").hide();
        } else {
            //往返双程
            var returnDate=$(".returnDate").val();
            var departParamStr=paramStr;
            var
returnParamStr="fromCity="+toCity+"&toCity="+fromCity+"&departureDate="+returnDa
te+"&cabinTypeId="+cabinTypeId+"&flightType="+flightType;
            loadSearchList("departureFlightList", departParamStr);  //出发航线
            loadSearchList("returnFlightList", returnParamStr);  //返程航线
            $(".returnFlightTitle").show();
            $(".returnFlightList").show();
        }
    })
})
```

单程航线的查询结果页面如图 6-33 所示。

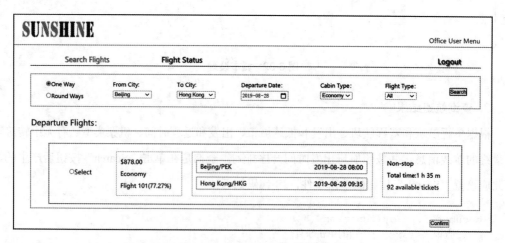

图 6-33　单程航线的查询结果

双程航线的查询结果页面如图 6-34 所示。

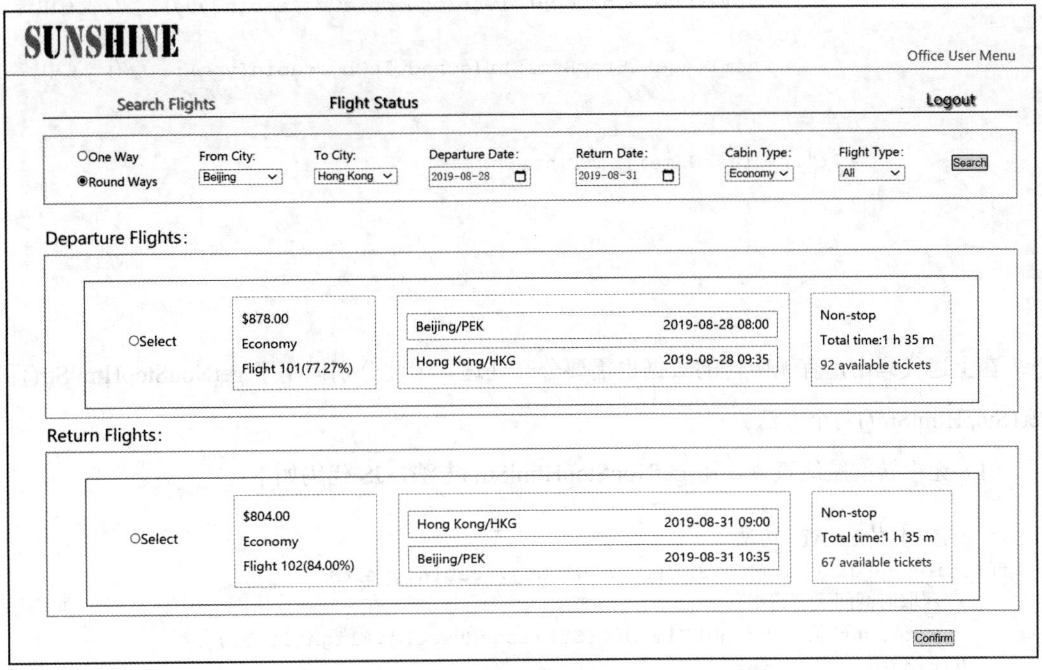

图 6-34　双程航线的查询结果

在上述代码中，无论单程航线还是往返双程航线，均需要显示航线信息，这里都是通过调用 loadSearchList()函数实现的,该函数需要传入 2 个参数: 航线类型和访问参数,前者与 HTML 页面中的类名一致, 便于后期绑定显示的数据到页面, 后者用于通过 ajax 访问后台接口。loadSearchList()函数的 JS 代码如下:

```javascript
// 航线查询方法：类名、参数字符串
function loadSearchList(className,paramStr){
    var cabinType=$(".cabinType").val();
    $.ajax({
        type:"post",
        url:"http://localhost:8080/SunshineAirlines/getSearchFlight",
        data:paramStr,
        async:false,
        success:function(msg){
            var json=JSON.parse(msg);
            if(json.flag=="success"){
                var html="";
                for(var i=0;i<json.data.length;i++){
                    var scheduleObj=json.data[i];
                    var scheduleId=scheduleObj.ScheduleId;
```

```
            //判断数据类型（是无中转或有中转数据）
            if(scheduleId!=null && scheduleId != undefined){
                html+=getNonStopHtmlStr(scheduleObj,cabinType);  //没有中转
            }else{
                html+=get1StopHtmlStr(scheduleObj,cabinType);  //有一次中转
            }
        }
        $("."+className).html(html);
        }
    }
    })
}
```

在上述代码中，有无中转的数据也需要分开处理，因此分别调用了 getNonStopHtmlStr()和 get1StopHtmlStr ()两个方法。

（1）无中转的航线查询使用 getNonStopHtmlStr()方法，JS 代码如下：

```
// 没有中转的航线查询方法
function getNonStopHtmlStr(scheduleObj, cabinTypeId) {
    //获取时间间隔字符串
    var flightTimeStr=getTimeDiffStr(scheduleObj.FlightTime);
    var cabinTypeName="";
    var price=scheduleObj.EconomyPrice;
    if (cabinTypeId==1) {
        cabinTypeName="Economy";
        price=price.toFixed(2);
    } else if (cabinTypeId==2) {
        cabinTypeName="Business";
        price=(price * 1.25).toFixed(2);
    } else {
        cabinTypeName="First";
        price=(price * 1.5).toFixed(2);
    }
    var dateStr=scheduleObj.Date.substring(0, 16);
    var preArrivalTimeStr=scheduleObj.PreArrivalTime.substring(0, 16);
    var ontimeRate=(scheduleObj.NotDelay * 100 /
scheduleObj.AllCount).toFixed(2);
    //无中转（non-stop），数据中有 scheduleId 这个字段
    var htmlStr="<div class='innermsg'>"+
        "<div class='optionone' style='margin: auto;'>"+
        "<input name='Flight' type='radio' />Select"+
        "</div>"+
        "<div class='innerlist'>"+
        "<p>$"+price+"</p>"+
        "<p>"+cabinTypeName+"</p>"+
        "<p>Flight "+scheduleObj.FlightNumber+"("+ontimeRate+"%)</p>"+
```

```
        "</div>"+
        "<div class='innerlist' style='width: 450px;'>"+
        "<div class='placelist'>"+
        "<p
class='citymsg'>"+scheduleObj.DepartCityName+"/"+scheduleObj.DepartureAirportIAT
A+"</p>"+
        "<p class='datemsg'>"+dateStr+"</p>"+
        "</div>"+
        "<div class='placelist'>"+
        "<div
class='citymsg'>"+scheduleObj.ArriveCityName+"/"+scheduleObj.ArrivalAirportIATA+
"</div>"+
        "<div class='datemsg'>"+preArrivalTimeStr+"</div>"+
        "</div>"+
        "</div>"+
        "<div class='innerlist'>"+
        "<p>Non-stop</p>"+
        "<p>Total time:"+flightTimeStr+"</p>"+
        "<p style='color: red;'>"+scheduleObj.ResidueTickets+" available
tickets</p>"+
        "</div>"+
        "</div>";
    return htmlStr;
  }
```

　　无中转的页面一般是直达航班，如“Beijing”到“Hong Kong”就是直达航班，页面效果如图 2-33 所示。

　　（2）有中转的航线查询使用 get1StopHtmlStr()方法，JS 代码如下：

```
// 有中转的航线查询方法
function get1StopHtmlStr(scheduleObj, cabinTypeId) {
    var cabinTypeName="";
    var price=scheduleObj.S1EconomyPrice+scheduleObj.S2EconomyPrice;
    if (cabinTypeId==1) {
        cabinTypeName="Economy";
        price=price.toFixed(2);
    } else if (cabinTypeId==2) {
        cabinTypeName="Business";
        price=(price * 1.25).toFixed(2);
    } else {
        cabinTypeName="First";
        price=(price * 1.5).toFixed(2);
    }
    var s1OntimeRate=(scheduleObj.S1NotDelay * 100 /
scheduleObj.S1AllCount).toFixed(2);
    var s2OntimeRate=(scheduleObj.S2NotDelay * 100 /
```

```
scheduleObj.S2AllCount).toFixed(2);
        var s1DateStr=scheduleObj.S1Date.substring(0, 16);
        var s2DateStr=scheduleObj.S2Date.substring(0, 16);
        var s1PreArrivalTimeStr=scheduleObj.S1PreArrivalTime.substring(0, 16);
        var s2PreArrivalTimeStr=scheduleObj.S2PreArrivalTime.substring(0, 16);
        var waitTime=(new Date(s2DateStr)-new Date(s1PreArrivalTimeStr)) / 60000;
        var waitTimeStr=getTimeDiffStr(waitTime);
        var totalTime=scheduleObj.S1FlightTime+waitTime+scheduleObj.S2FlightTime;
        var totalTimeStr=getTimeDiffStr(totalTime);
        var s1ResidueTickets=scheduleObj.S1ResidueTickets;
        var s2ResidueTickets=scheduleObj.S2ResidueTickets;
        var residueTickets=s1ResidueTickets<=s2ResidueTickets ? s1ResidueTickets :
s2ResidueTickets;
        var htmlStr="<div class='stopinnermsg'>"+
            "<div class='optionone' style='margin: auto;'>"+
            "<input name='Flight' type='radio' />Select"+
            "</div>"+
            "<div class='innerlist' style='height: 120px;'>"+
            "<p  class=''>$"+price+"</p>"+
            "<p  class=''>"+cabinTypeName+"</p>"+
            "<p  class=''>Flight
"+scheduleObj.S1FlightNumber+"("+s1OntimeRate+"%)</p>"+
            "<p  class=''>Flight
"+scheduleObj.S2FlightNumber+"("+s2OntimeRate+"%)</p>"+
            "</div>"+
            "<div class='linelist' style='height: 204px;'>"+
            "<div class='placelist'>"+
            "<p
class='citymsg'>"+scheduleObj.S1DepartCityName+"/"+scheduleObj.S1DepartureAirpor
tIATA+"</p>"+
            "<p class='datemsg'>"+s1DateStr+"</p>"+
            "<p
class='citymsg'>"+scheduleObj.S1ArriveCityName+"/"+scheduleObj.S1ArrivalAirportI
ATA+"</p>"+
            "<p class='datemsg'>"+s1PreArrivalTimeStr+"</p>"+
            "</div>"+
            "<div class='stoplist'>"+
            "<p>"+waitTimeStr+" transfer in
"+scheduleObj.S1ArriveCityName+"/"+scheduleObj.S1ArrivalAirportIATA+"</p>"+
            "</div>"+
            "<div class='placelist'>"+
            "<p
class='citymsg'>"+scheduleObj.S2DepartCityName+"/"+scheduleObj.S2DepartureAirpor
tIATA+"</p>"+
            "<p class='datemsg'>"+s2DateStr+"</p>"+
            "<p
class='citymsg'>"+scheduleObj.S2ArriveCityName+"/"+scheduleObj.S2ArrivalAirportI
ATA+"</p>"+
```

```
        "<p class='datemsg'>"+s2PreArrivalTimeStr+"</p>"+
        "</div>"+
        "</div>"+
        "<div class='innerlist'>"+
        "<p>1-stop</p>"+
        "<p>Total time:"+totalTimeStr+"</p>"+
        "<p>"+residueTickets+" available tickets</p>"+
        "</div>"+
        "</div>";
    return htmlStr;
}
```

有中转的航班一般是跨越国家的航班，如从"Roma"到"Shanghai"就是有中转的航班，页面如图 6-35 所示。

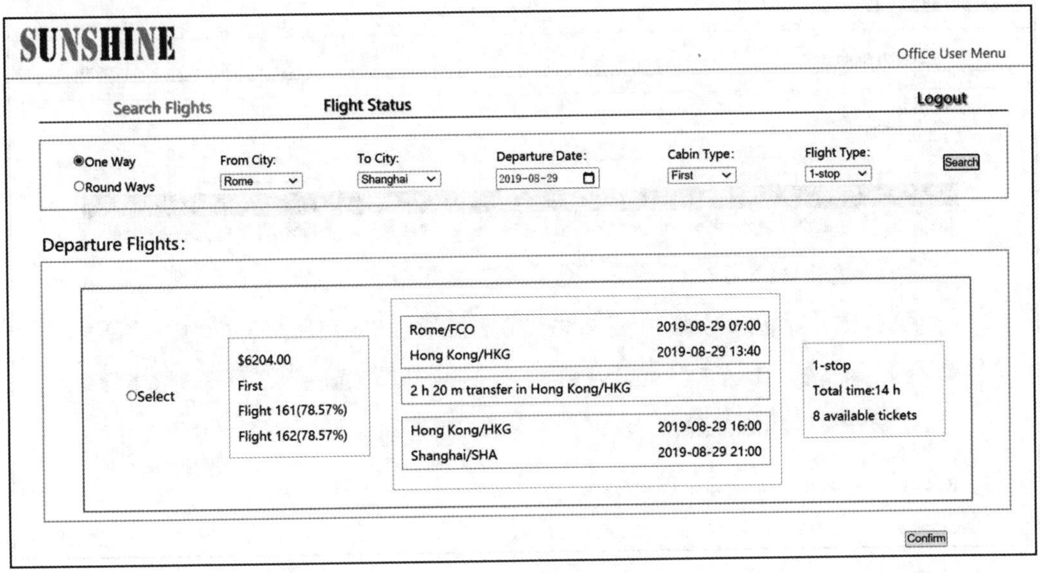

图 6-35　有中转的航班页面

在上述两个方法中，航班的时间原始数据是用分钟计数的，但是最终页面显示需要变为小时和分钟的格式，因此都调用了 getTimeDiffStr()方法，用于转换显示格式，JS 代码如下：

```
//根据总分钟数获取 XhXm 的格式字符串：将分钟转换为小时和分钟
function getTimeDiffStr(timeDiff){
    var timeDiffHour=parseInt(timeDiff/60);
    var timeDiffMinute=timeDiff%60;
    var timeDiffStr="";
    if(timeDiffHour>0){
        timeDiffStr+=timeDiffHour+" h ";
    }
```

```
if(timeDiffMinute>0){
    timeDiffStr+=timeDiffMinute+" m";
}
return timeDiffStr;
}
```

上述代码中，将传入的时间除以 60 换算成小时和分钟，然后小时数后面加上"h"，分钟数后面加上"m"。

6.3.3 用户航班动态

用户航班动态初始页面如图 6-36 所示。

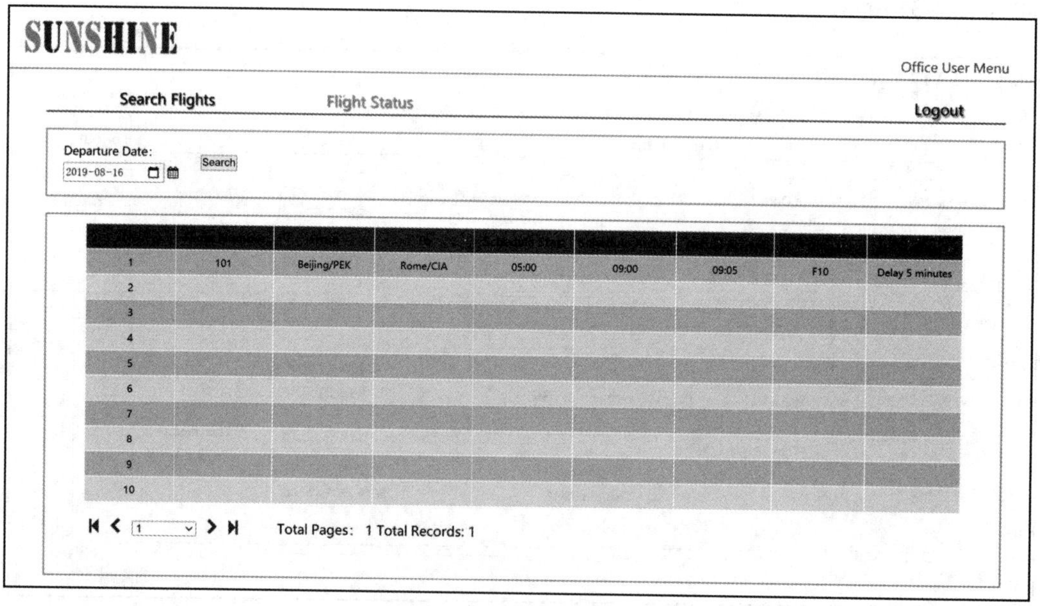

图 6-36 航班动态初始页面

从图 6-36 可以看出，航班信息根据日期查询，单击"Search"按钮后显示结果，并且要实现分页功能。因此，该页面的功能分解如下：

（1）"Search"按钮的单击事件：根据出发日期获取的航班信息。

（2）分页功能：每 10 行划分为一页，并能实现翻页中第一页、下一页、前一页、最后一页的功能。

1. 航班动态结果

获取出发日期，通过 ajax 访问后台接口，获取航班信息，JS 代码如下：

```
$(document).ready(function () {
    $("#searchFlightStatus").click(function () {
        //1.获取出发时间
        var departureDate=$(".departureDate").val();
        //2.调用查询方法
        getFlightStatus(departureDate, 1);
    })
})
```

在上述代码中，查询具体的航班信息需要调用 getFlightStatus()方法，该方法使用 ajax 调用接口，返回的数据中因为没有计划到达的时间，所以需要通过计划起飞时间加上飞行时间（分钟为单位）计算，思路如下：

（1）先获取计划起飞时间的分钟数 scheduleDate.getMinutes()；

（2）以计划起飞时间的分钟数加上飞行时间得到新的分钟数 scheduleDate.getMinutes()+json.data[i].FlightTime；

（3）通过 setMinutes 的方式将新的分钟数更新到原计划出发时间即得到预计到达时间。

计算好计划到达时间后，就可以和实际到达时间进行比较来判断早晚，思路如下：

（1）实际到达时间字符串转化为 date 对象 new Date(json.data[i].ActualArrivalTime)；

（2）实际到达时间与计划到达时间求差（date 对象直接相减得到差值，单位为毫秒）；

（3）除以 60000 换算成分钟；

（4）根据差值的正负性判断早到或者晚到。

根据上述分析，查询航班的 getFlightStatus ()方法的 JS 代码如下：

```
var searchObj={};
// 查询航班动态的方法
function getFlightStatus(departureDate, startPage) {
    searchObj.departureDate=departureDate;
    searchObj.startPage=startPage;
    var paramStr="departureDate="+departureDate+"&startPage="+startPage;
    //调用接口
    $.ajax({
        type: "post",
        url: "http://localhost:8080/SunshineAirlines/getFlightStatus",
        data: paramStr,
        success: function (msg) {
            var json=JSON.parse(msg);
            if (json.flag=="success") {
                var html="";
                for (var i=0; i<json.data.length; i++) {
                    var scheduleDateStr=json.data[i].Date;
```

```
                    var scheduleArrival=new Date(scheduleDateStr);
                    scheduleArrival.setMinutes(scheduleArrival.getMinutes()+
json.data[i].FlightTime);
                    //计划到达时间格式化
                    var arriveHourStr=scheduleArrival.getHours()<10 ? '0'+
scheduleArrival.getHours() : scheduleArrival.getHours();
                    var arriveMinuteStr=scheduleArrival.getMinutes()<10 ? '0'+
scheduleArrival.getMinutes() : scheduleArrival.getMinutes();
                    var scheduleArrivalStr=arriveHourStr+":"+arriveMinuteStr;
                    var
ActualArrivalTimeStr=json.data[i].ActualArrivalTime.substring(11, 16);
                    var timediff=(new Date(json.data[i].ActualArrivalTime)-
scheduleArrival) / 60000;
                    var statusMsg="";
                    if (timediff<0) {
                        statusMsg="Early "+(-timediff)+" minutes";
                    } else if (timediff>0) {
                        statusMsg="Delay "+timediff+" minutes";
                    } else {
                        statusMsg="On time";
                    }
                    var trClass="tdcolor";
                    if (i % 2==0) {
                        trClass="tdcolor1";
                    }
                    var timeStr=json.data[i].Time.substring(0, 5);
                    html+="<tr class='"+trClass+"'>"+
                        "<td>"+((i+1)+(searchObj.startPage-1) * 10)+"</td>"+
                        "<td>"+json.data[i].FlightNumber+"</td>"+
                        "<td>"+json.data[i].DepartCityName+"/"+
json.data[i].DepartureAirportIATA+"</td>"+
                        "<td>"+json.data[i].ArriveCityName+"/"+
json.data[i].ArrivalAirportIATA+"</td>"+
                        "<td>"+timeStr+"</td>"+
                        "<td>"+scheduleArrivalStr+"</td>"+
                        "<td>"+ActualArrivalTimeStr+"</td>"+
                        "<td>"+json.data[i].Gate+"</td>"+
                        "<td>"+statusMsg+"</td>"+
                        "</tr>";
                }
                $(".formclass table tbody").html(html);
                initPage(json.page.total, searchObj);
            }
        }
    })
}
```

在上述代码中,调用了 initPage()方法,该方法用于分页,在通用文件 Public.js 文件中编写。

2. 分页和翻页

1) 分页

在上一小节的代码中,调用了 initPage()方法,该方法用于分页,因为在其他页面中也需要使用,因此该方法创建在 public.js 文件中,JS 代码如下:

```
// 翻页功能在用户航班状态、用户管理界面都有用到, 单独成一个 JS 文件, 方便共用
function initPage(total,searchObj){
    var pages=parseInt(total/10);
    if(total%10!=0){
        pages++;
    }
    //存储总页数, 用于获取最后一页
    searchObj.pages=pages;
    $(".totalpage .pages").text(pages);
    $(".totals").text(total);
    var optionHtml="";
    for(var i=1;i<=pages;i++){
        if(i==searchObj.startPage){
            optionHtml+="<option value='"+i+"' selected>"+(i)+"</option>";
        }else{
            optionHtml+="<option value='"+i+"'>"+(i)+"</option>";
        }
    }
    $(".NUM .pages").html(optionHtml);
}
```

分页后,页面会出现下拉列表,如图 6-37 所示。

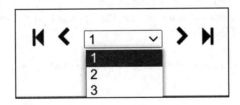

图 6-37 分页后的下拉列表

2) 翻页

翻页分为首页、上一页、下一页、最后一页和下拉列表选页等 5 种情况。

(1) 首页。

判断初入的页码是否是第一页,若是第一页则显示"已经是第一页",否则直接变为第一页。

```
//首页
  $(".fa-step-backward").click(function () {
    if (searchObj.startPage==1) {
      alert("已经是第一页");
    } else {
      getFlightStatus(searchObj.departureDate,1);
    }
  })
```

（2）上一页。

判断当前页码是否是第一页，若是第一页则显示"已经是第一页"，然后将传入的页码数减 1，并将减后的页码传入 **getFlightStatus()** 方法，以查询上一页的数据。

```
//上一页
  $(".fa-chevron-left").click(function () {
    if (searchObj.startPage==1) {
      alert("已经是第一页");
    } else {
      getFlightStatus(searchObj.departureDate, searchObj.startPage-1);
    }
  })
```

（3）下一页。

判断是否是最后一页，若是最后一页则显示"已经是最后一页"，然后将传入的页码数加 1，并将加后的页码传入 **getFlightStatus()** 方法，以查询下一页的数据。

```
//下一页
  $(".fa-chevron-right").click(function () {
    if (searchObj.startPage==searchObj.pages) {
      alert("已经是最后一页");
    } else {
      getFlightStatus(searchObj.departureDate, searchObj.startPage+1);
    }
  })
```

（4）最后一页。

判断当前页是否是最后一页，若是最后一页则显示"已经是最后一页"，否则将最后一页的页码传入 **getFlightStatus()** 方法，以显示最后一页的数据。

```
//最后一页
  $(".fa-step-forward").click(function () {
```

```
        if (searchObj.startPage==searchObj.pages) {
            alert("已经是最后一页");
        } else {
            getFlightStatus(searchObj.departureDate, searchObj.pages-1);
        }
    })
```

（5）下拉列表选页。

根据下拉列表选择的页码显示对应页面的数据，只需将选中的页面传入 getFlightStatus()方法即可。

```
$(".NUM .pages").change(function () {
    getFlightStatus(searchObj.departureDate, parseInt($(this).val()));
})
```

除此以外，用户退出可使用页面上的"Logout"菜单实现，退出后回到 Login 登录页面，该功能需要各个页面重复调用，因此也应放在 public.js 文件中，JS 代码如下：

```
// 退出按钮在航班计划管理、用户航班状态、用户查询航班、用户管理界面都有用到，单独成一个 JS
文件，方便共用
$(document).ready(function(){
    $(".list_out").click(function(){
        localStorage.setItem("user","");
        location.href="./Login.html";
    })
})
```

到此为止，员工身份下的页面功能均已介绍完毕，下面开始介绍管理员身份下的页面。

6.3.4　航班计划管理

航班计划管理是管理员身份的页面，要进入管理员页面，需要在 Login 页面使用管理员账号登录，管理员初始页面如图 6-38 所示。

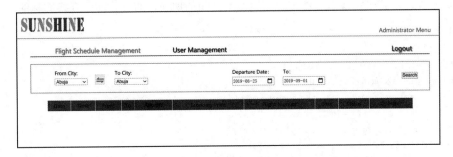

图 6-38　管理员初始页面

从图 6-38 可以知道，管理员的初始页面就是航班计划管理页面，该页面需要实现的功能如下：

（1）出发和到达城市的自动获取和切换，使用 ajax 访问后台接口获取数据；

（2）根据城市和时间信息，单击"Search"按钮获取航班计划，并按照出发时间升序显示航班信息；

（3）每个航班的查看详情和取消操作。

1. 城市数据的获取

城市数据分为出发城市和到达城市，需要通过 ajax 访问后台接口实现，接口信息详见 6.1.3 小节，JS 代码如下：

```
$(document).ready(function(){
    //加载城市
    $.ajax({
        type:"post",
        url:"http://localhost:8080/SunshineAirlines/getCityNames",
        data:"",
        success:function(msg){
            var json=JSON.parse(msg);
            if(json.flag=="success"){
                var optionHtml="";
                for(var i=0;i<json.data.length;i++){
                    optionHtml+="<option value='"+json.data[i].CityName+"'>"+
json.data[i].CityName+"</option>";
                }
                $(".fromCity").html(optionHtml);
                $(".toCity").html(optionHtml);
            }
        }
    })
})
```

除此之外，还需要实现出发城市和到达城市之间的切换，通过页面中互换图标的单击事件实现，JS 代码如下：

```
$(document).ready(function(){
//交换按钮：出发城市和到达城市互换
    $(".changeicon").click(function(){
        var fromCity=$(".fromCity").val();
        var toCity=$(".toCity").val();
        $(".fromCity").val(toCity);
        $(".toCity").val(fromCity);
```

```
        })
    })
```

运行上述 JS 代码后，自动加载的城市列表如图 6-39 所示。

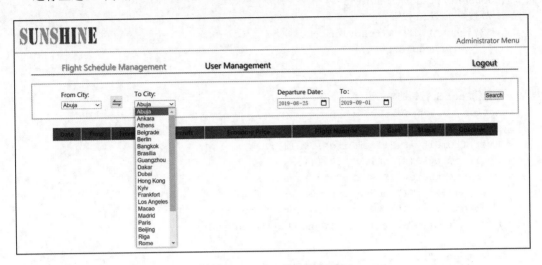

图 6-39　自动加载的城市列表

单击图 6-39 中"From City"和"To City"之间的互换图标，还可以实现两个城市名的互换。

2.航班计划查询结果

通过选定的出发城市和到达城市，以及时间区间，单击"Search"按钮，可以在下方显示航班的具体信息，效果如图 6-40 所示。

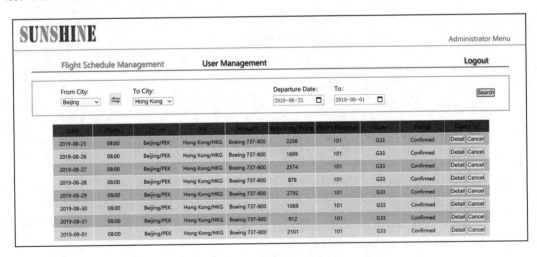

图 6-40　航班计划查询结果

在图 6-40 中，查询的结果按照出发时间升序排列，并且每一个航班都有一个详情和取消操作，实现上述效果也需要使用 ajax 访问后台接口，JS 代码如下：

```
$(document).ready(function () {
    //搜索 Search 按钮
    $("#show").click(function () {
        getScheduleList();
    })
})
// 搜索 Search 按钮的单击事件
function getScheduleList() {
    //获取城市及时间信息
    var fromCity=$(".fromCity").val();
    var toCity=$(".toCity").val();
    var startDate=$(".startDate").val();
    var endDate=$(".endDate").val();
    var paramStr="fromCity="+fromCity+"&toCity="+
toCity+"&startDate="+startDate+"&endDate="+endDate;
    $.ajax({
        type: "post",
        url: "http://localhost:8080/SunshineAirlines/getSchedule",
        data: paramStr,
        success: function (msg) {
            var json=JSON.parse(msg);
            if (json.flag=="success") {
                var html="";
                for (var i=0; i<json.data.length; i++) {
                    var buttonName="Cancel";
                    var status=0;
                    if (json.data[i].Status=="Canceled") {
                        buttonName="Confirm";
                        status=1;
                    }
                    var className="tdcolor";
                    if (i % 2==1) {
                        className="tdcolor1";
                    }
                    var dateStr=json.data[i].Date.substring(0, 10);
                    var timeStr=json.data[i].Time.substring(0, 5);
                    html+="<tr class='"+className+"'>"+
                        "<td>"+dateStr+"</td>"+
                        "<td>"+timeStr+"</td>"+
                        "<td>"+json.data[i].DepartCityName+"/"+
json.data[i].DepartureAirportIATA+"</td>"+
                        "<td>"+json.data[i].ArriveCityName+"/"+
json.data[i].ArrivalAirportIATA+"</td>"+
                        "<td>"+json.data[i].Name+"</td>"+
```

```
                                "<td>"+json.data[i].EconomyPrice+"</td>"+
                                "<td>"+json.data[i].FlightNumber+"</td>"+
                                "<td>"+json.data[i].Gate+"</td>"+
                                "<td>"+json.data[i].Status+"</td>"+
                                "<td><input type='button' onclick='detail("+
json.data[i].ScheduleId+")' value='Detail'/> <input type='button'
onClick='updateScheduleStatus("+json.data[i].ScheduleId+","+status+")'
value='"+buttonName+"'/></td>"+
                                "</tr>";
                    }
                    $(".formclass table tbody").html(html);
                }
            }
        })
    }
```

上述代码中，通过 ajax 访问后台接口，然后将返回的数据放到页面中显示。

3.航班详情和状态切换

在图 6-40 中，可以看到每一个航班都有详情"Detail"和状态切换"Cancel"/"Confirm"
两个按钮，前者会跳转到机票详情页面 TicketSalesDetail.html，后者会切换当前航班的状态，
两个按钮都在设置时均已绑定单击事件，"Detail"按钮绑定的是 detail()时间，"Cancel"
/"Confirm"按钮绑定的是 updateScheduleStatus()事件，两个事件的 JS 代码如下：

```
// "Detail"按钮：航班详情，跳转到机票详情页面
function detail(scheduleId) {
    localStorage.setItem("scheduleId", scheduleId);
    location.href="./TicketSalesDetail.html";
}
// "Cancel/Confirm"按钮：更新航班状态
function updateScheduleStatus(scheduleId, status) {
    var newStatus="Confirmed";
    if (status==0) {
        newStatus="Canceled";
    }
    var paramStr="scheduleId="+scheduleId+"&status="+newStatus;
    $.ajax({
        type: "post",
        url: "http://localhost:8080/SunshineAirlines/updateSchedule",
        data: paramStr,
        success: function (msg) {
            var json=JSON.parse(msg);
            if (json.flag=="success") {
                getScheduleList();
            } else {
```

```
            alert(json.data);
        }
    }
  })
}
```

运行上述代码后，单击"Cancel"/"Confirm"按钮后，航班状态切换的效果如图 6-41 所示。

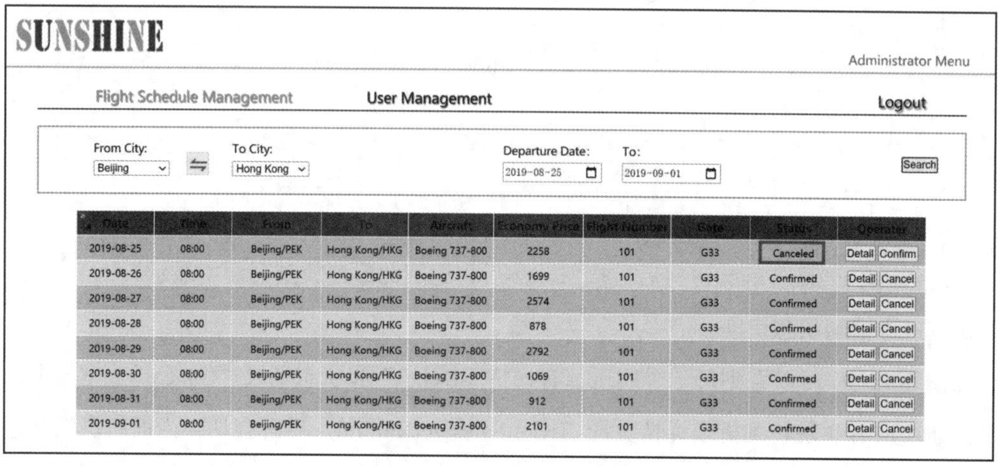

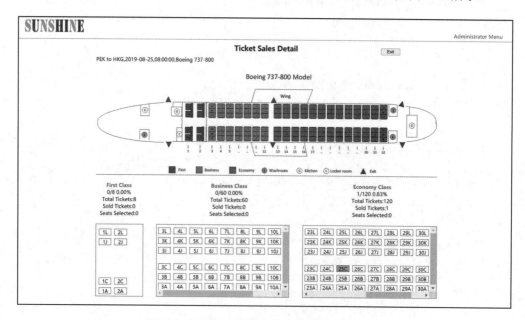

图 6-41　"Cancel"/"Confirm"按钮单击后状态切换

单击"Detail"按钮后，页面会跳转到对应航班的机票详情页面，如图 6-42 所示。

图 6-42　单击"Detail"按钮后跳转到机票详情页面

6.3.5　机票售出详情

机票售出详情页面是管理员身份下的页面，是从航班计划管理页面中每个航班的"Detail"按钮中跳转过来的，页面显示效果对应每一个航班，因此页面显示内容会有所不同。机票售出详情的页面大致效果如图 6-41 所示，分析页面，可以发现该页面需要实现如下功能：

（1）显示该航班的基本信息：出发城市、抵达城市、出发时间、飞机型号等。

（2）展示机票的售出情况：按照头等舱（First Class）、商务舱（Business Class）、经济舱（Economy Class）统计机票的售出比例，并用颜色标出已选座位。

以上功能在页面一打开就需要正确展示，因此可以一起通过 ajax 访问后台接口获取数据后统一处理，JS 代码如下：

```
$(document).ready(function () {
    var scheduleId=localStorage.getItem("scheduleId");
    if (scheduleId!=undefined && scheduleId!=null && scheduleId!="") {
        $.ajax({
            type: "post",
            url: "http://localhost:8080/SunshineAirlines/getScheduleDetail",
            data: "scheduleId="+scheduleId,
            success: function (msg) {
                var json=JSON.parse(msg);
                if (json.flag=="success") {
                    var scheduleInfo=json.data.ScheduleInfo;
                    var dateStr=scheduleInfo.Date.split(" ")[0];
                    var scheduleInfoStr=scheduleInfo.DepartureAirportIATA+" to
"+scheduleInfo.ArrivalAirportIATA+","+dateStr+","+scheduleInfo.Time.substring(0,
5)+","+scheduleInfo.Name;
                    //文字描述
                    $(".scheduleInfo").text(scheduleInfoStr);
                    //图片
                    if (scheduleInfo.AircraftId==2) {
                        $(".aircraft1").hide();
                        $(".aircraft2").show();
                    }
                    //统计信息显示
                    //各个仓位总票数
                    var firstAllCount=scheduleInfo.FirstSeatsAmount;
                    var businessAllCount=scheduleInfo.BusinessSeatsAmount;
                    var economyAllCount=scheduleInfo.EconomySeatsAmount;
                    //各个仓位的已售票数
                    var firstSoldCount=0;
                    var firstSelectedCounts=0;
                    var businessSoldCount=0;
                    var businessSelectedCounts=0;
```

```
            var economySoldCount=0;
            var economySelectedCounts=0;
            for (var i=0; i<json.data.TicketInfoList.length; i++) {
                var ticketCountInfo=json.data.TicketInfoList[i];
                var cabinTypeId=ticketCountInfo.CabinTypeId;
                if (cabinTypeId==1) {
                    economySoldCount=ticketCountInfo.SoldCounts;
                    economySelectedCounts=ticketCountInfo.SelectedCounts;
                } else if (cabinTypeId==2) {
                    businessSoldCount=ticketCountInfo.SoldCounts;
                    businessSelectedCounts=
ticketCountInfo.SelectedCounts;
                } else {
                    firstSoldCount=ticketCountInfo.SoldCounts;
                    firstSelectedCounts=ticketCountInfo.SelectedCounts;
                }
            }
            var firstHtmlStr=getHtmlStr(firstSoldCount,
firstAllCount,firstSelectedCounts)
            $(".firstMsg").append(firstHtmlStr);
            var businessHtmlStr=getHtmlStr(businessSoldCount,
businessAllCount,businessSelectedCounts)
            $(".businessMsg").append(businessHtmlStr);
            var economyHtmlStr=getHtmlStr(economySoldCount,
economyAllCount,economySelectedCounts)
            $(".economyMsg").append(economyHtmlStr);
            //整体座位布局显示
            for (var i=0; i<json.data.SeatLayoutList.length; i++) {
                var seatLayoutInfo=json.data.SeatLayoutList[i];
                var cabinTypeId=seatLayoutInfo.CabinTypeId;
                var columnName=seatLayoutInfo.ColumnName;
                var className="";
                if (cabinTypeId==1) {
                    className+="economy";
                } else if (cabinTypeId==2) {
                    className+="business";
                } else {
                    className+="first";
                }
                className+=columnName;
                var seatClassName="seat"+
seatLayoutInfo.RowNumber+columnName
                var seatHtmlStr="<div class='busseat "+seatClassName+"'>"+
seatLayoutInfo.RowNumber+columnName+"</div>";
                $("."+className).append(seatHtmlStr);
            }
            //已售座位显示
            for (var i=0; i<json.data.SelectedSeatList.length; i++) {
```

```
                        var soldSeatInfo=json.data.SelectedSeatList[i];
                        var soldSeatClassName="seat"+
soldSeatInfo.RowNumber+soldSeatInfo.ColumnName;
                        $("."+soldSeatClassName).addClass("selected");
                    }
                }
            }
        })
    }
})
```

上述示例代码中，三种机票的售出比例都需要计算，因此统一调用自定义函数 getHtmlStr() 实现，该函数代码如下：

```
// 计算三种机票的售出比例
function getHtmlStr(soldCount, allCount) {
    var soldRate=(100 * soldCount / allCount).toFixed(2);
    var htmlStr="<p>"+soldCount+"/"+allCount+"  "+soldRate+"%</p>"+
        "<p>Total Tickets:"+allCount+"</p>"+
        "<p>Sold Tickets:"+soldCount+"</p>"+
        "<p>Seats Selected:0</p>";
    return htmlStr;
}
```

另外需要注意一点，在机票售出详情页面中有一个"Exit"按钮，该按钮通过超链接<a>标签的 href 属性实现页面跳转，而不是使用 JS 代码实现，该部分内容是页面素材，不需要另外单独设计。

6.3.6 用户管理

用户管理是管理员身份下的第二个菜单下的页面，该页面的初始效果如图 6-43 所示。

从图 6-43 的分析可知，用户管理需要实现如下功能：

（1）"Search"按钮的单击事件：根据用户身份精准查询，也可以根据姓名模糊查询，结果按照表格的形式显示。

（2）分页显示：每页显示 10 条信息，并可以实现首页、下一页、上一页、最后一页、选页码等翻页功能。

（3）用户的添加和编辑的单击事件：单击"Add a new user"可以跳转到空的用户编辑页面，单击"Edit"可以跳转到该用户的编辑页面（有该用户的信息）。

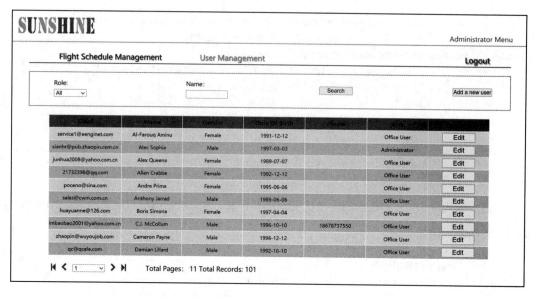

图 6-43　用户管理的初始页面

1. 用户信息查询

用户信息需要根据身份和姓名查询，如果姓名信息不填，将会是查询所有信息，页面最开始加载时就是显示所有用户的信息，效果如图 6-43 所示，JS 代码如下：

```javascript
$(document).ready(function(){
    // 初始加载显示所有用户：调用查询方法
    getUserList(0,"",1);
})
var searchObj={};
// 查询用户的方法
function getUserList(roleId,name,startPage){
    searchObj.roleId=roleId;
    searchObj.name=name;
    searchObj.startPage=startPage;
    $.ajax({
        type:"post",
        url:"http://localhost:8080/SunshineAirlines/userList",
        data:"roleId="+roleId+"&name="+name+"&startPage=
                                        "+startPage+"&pageSize=10",
        success:function(msg){
            //解析后端返回结果字符串为 JSON 对象
            var json=JSON.parse(msg);
            //循环拼接数据，生成用户列表信息
            var html="";
            for(var i=0 ;i<json.data.length;i++){
                var gender=json.data[i].Gender=="M"?"Male":"Female";
```

```
                var roleName=json.data[i].RoleId==1?"Office
User":"Administrator";
                var trClass="tdcolor";
                if(i%2==0){
                    trClass="tdcolor1";
                }
                html+="<tr class='"+trClass+"'>"+
                "<td>"+json.data[i].Email+"</td>"+
                "<td>"+json.data[i].FirstName+"
"+json.data[i].LastName+"</td>"+
                "<td>"+gender+"</td>"+
                "<td>"+json.data[i].DateOfBirth+"</td>"+
                "<td>"+json.data[i].Phone+"</td>"+
                "<td>"+roleName+"</td>"+
                "<td><input class='editUser' style='width: 80px; font-size:
16px;' type='button' value='Edit'
onClick='editUser("+json.data[i].UserId+")'></input></td>"+
                "</tr>";
            }
            $(".formclass tbody").html(html);
        }
    })
}
```

在上述代码中，getUserList()方法是查询用户信息的方法，该方法在初次加载和单击"Search"按钮后，都需要调用，一次单独写成一个方法。该方法需要 3 个参数，分别是身份编号 roleId、姓名信息 name、开始页面编号 startPage。初次加载时需要显示所有信息，所以调用的代码是 getUserList(0,"",1)。

当单击"Search"按钮后，需要根据所选信息判断，那么传入的参数需要根据用户输入值决定，JS 代码如下：

```
$(document).ready(function(){
    // Search 按钮：根据 roleId 和 name 查询用户，调用查询方法
    $("#show").click(function(){
        var roleId=$(".RoleId").val();
        var name=$(".userName").val();
        getUserList(roleId,name,1);
    })
})
```

2. 分页和翻页
用户管理页面的分页功能与用户航班动态页面的分页功能相同，因此都可以调用 public.js

文件下的 initPage()方法，传入总页数和全部数据即可，该方法应写在查询方法 getUserList() 。

```
// 查询用户的方法
function getUserList(roleId,name,startPage){
    ......
        //分页显示
        initPage(json.page.total,searchObj);
    }
  })
}
```

除了数据按照每 10 条记录分一页之外，还应该有翻页功能，包括首页、前一页、后一页、最后一页和选择下拉列表页码显示对应信息等功能，以上功能的实现都是通过图标的单击事件实现，图标如图 6-44 所示。

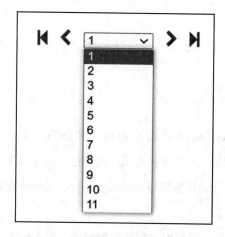

图 6-44　翻页图标

在图 6-44 中，单击图标可实现对应的翻页功能，JS 代码如下：

```
$(document).ready(function(){
  //首页
  $(".fa-step-backward").click(function(){
    if(searchObj.startPage==1){
        alert("已经是第一页");
    }else{
        getUserList(searchObj.roleId,searchObj.name,1);
    }
  })
  //上一页
  $(".fa-chevron-left").click(function(){
      if(searchObj.startPage==1){
```

```
            alert("已经是第一页");
        }else{
            getUserList(searchObj.roleId,searchObj.name,
searchObj.startPage-1);
        }
    })
    //下一页
    $(".fa-chevron-right").click(function(){
        if(searchObj.startPage==searchObj.pages){
            alert("已经是最后一页");
        }else{
            getUserList(searchObj.roleId,searchObj.name,
searchObj.startPage+1);
        }
    })
    //最后一页
    $(".fa-step-forward").click(function(){
        if(searchObj.startPage==searchObj.pages){
            alert("已经是最后一页");
        }else{
            getUserList(searchObj.roleId,searchObj.name,searchObj.pages);
        }
    })
    // 页面下拉列表发生改变时，翻页
    $(".NUM .pages").change(function(){
        getUserList(searchObj.roleId,searchObj.name,parseInt($(this).val()));
    })
})
```

运行上述代码后，单击下拉列表，选择第"3"页后，显示效果如图 6-45 所示。

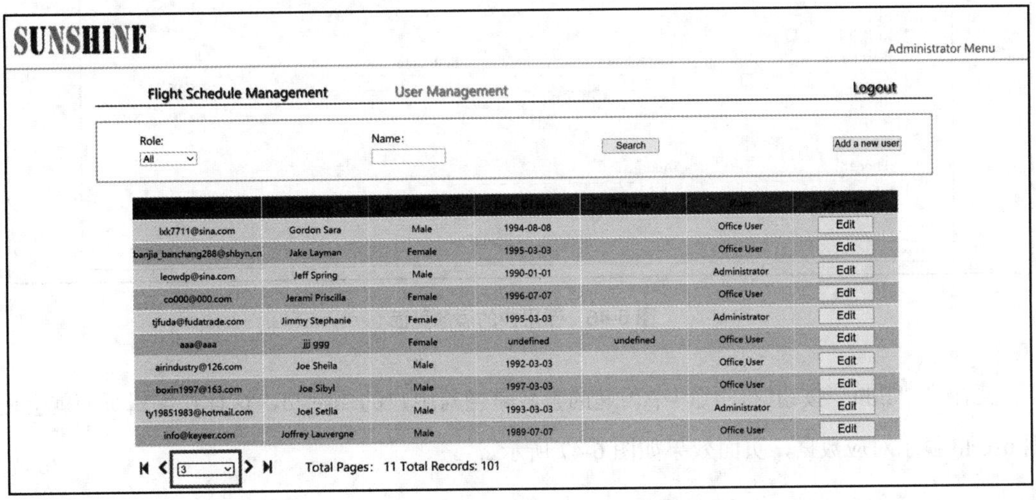

图 6-45　选页显示用户信息

3. 用户信息的添加和编辑

在用户管理页面中，有"Add a new user"和"Edit"按钮，分别对应添加和编辑用户信息，这两个功能都需要跳转到 EditUser.html，JS 代码如下：

```
$(document).ready(function(){
    // 添加用户：跳转到用户编辑页面
    $(".addUser").click(function(){
        //修改 userID 缓存为 0，用于区分新增操作
        localStorage.setItem("userId",0);
        location.href="./EditUser.html";
    })
})
// 用户"edit"按钮：跳转到用户编辑页面
function editUser(userId){
    localStorage.setItem("userId",userId);
    location.href="./EditUser.html";
}
```

在上述代码中，可以发现添加用户和编辑用户信息是有区别的，添加新用户时传递到新页面中的参数是 0，表示空页面，页面效果如图 6-46 所示。

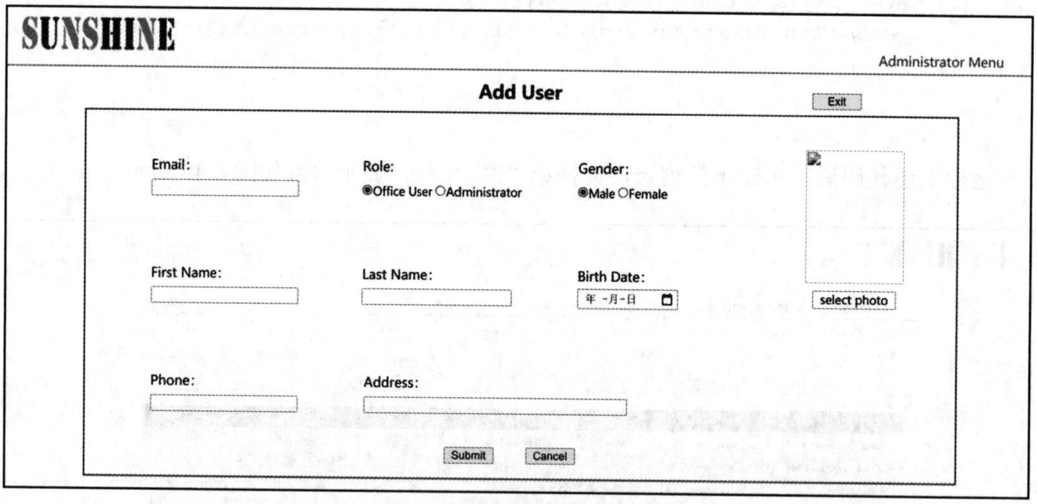

图 6-46　新用户的添加页面

当单击"Edit"按钮时，代码中传递的参数是当前用户的 userId，这样在编辑页面就会根据 userId 显示对应数据，页面效果如图 6-47 所示。

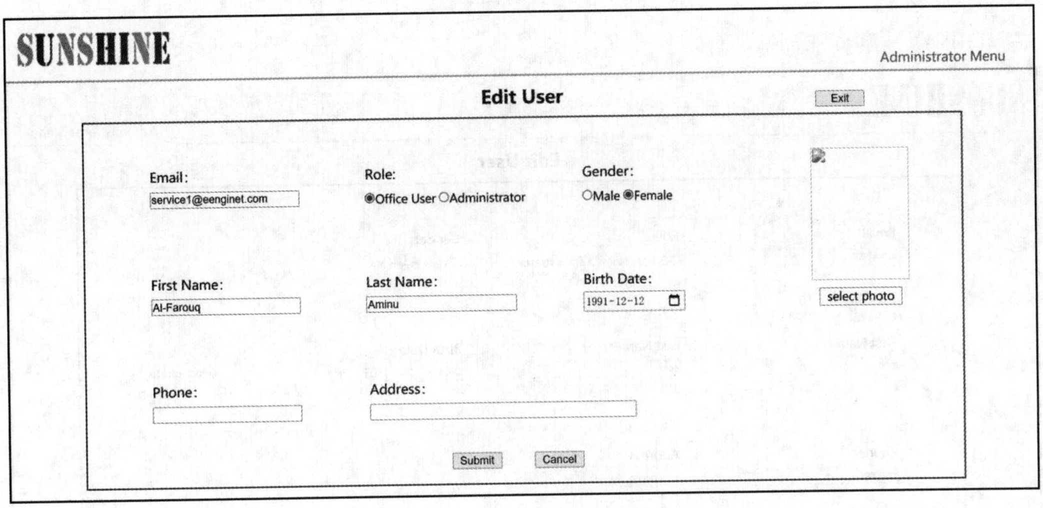

图 6-47　已有用户编辑页面

6.3.7　添加/编辑用户

添加/编辑用户分别对应图 6-46 和图 6-47 所示的页面效果，该部分需要实现的功能如下。

（1）添加新用户：初始页面所有文本框都为空，填写新用户信息后，单击"Submit"按钮可以添加用户到后台数据库中，该数据可以在用户管理界面查询到。

（2）编辑已有用户：从用户管理界面的"Edit"按钮中跳转过来，应该显示所选用户的已有信息，用户可以对已有信息进行修改或者添加新的信息，单击"Submit"按钮确认修改，"Cancel"取消修改。

1. 添加新用户

添加新用户的初始页面如图 6-46 所示，输入新用户信息后，页面如图 6-48 所示。

在图中 6-48 有一个图片选择按钮"select photo"，单击该按钮可以选择图片并上传，相应的 JS 代码如下：

```
$(document).ready(function(){
    // 上传图片
    $("#upload-input").change(function(){
        var file=this.files[0];
        var reader=new FileReader();
        reader.onload=function(event){
            $(".Photo").attr("src",event.target.result);
        }
        reader.readAsDataURL(file);
    })
})
```

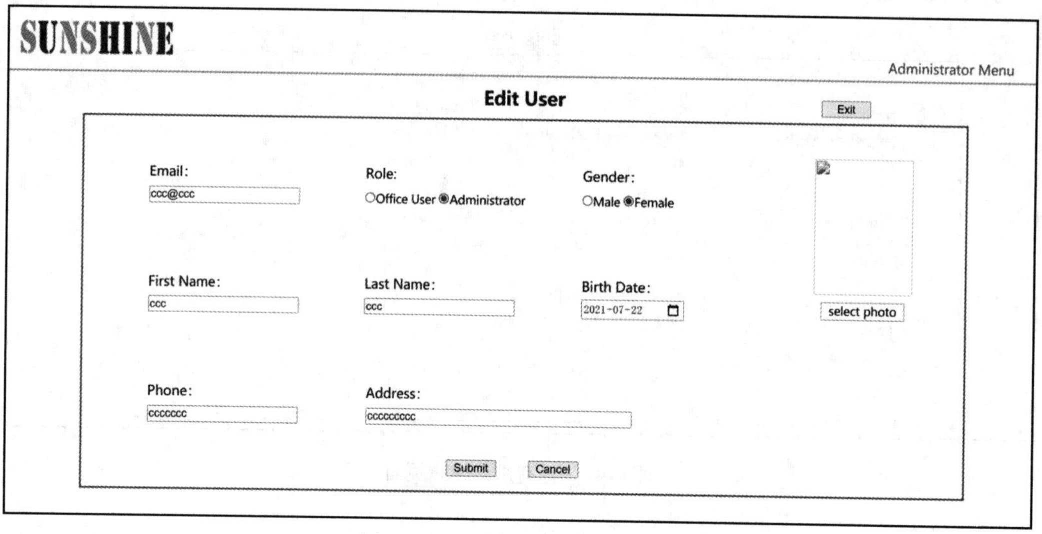

图 6-48　输入新用户信息

选择一张图片，效果如图 6-49 所示。

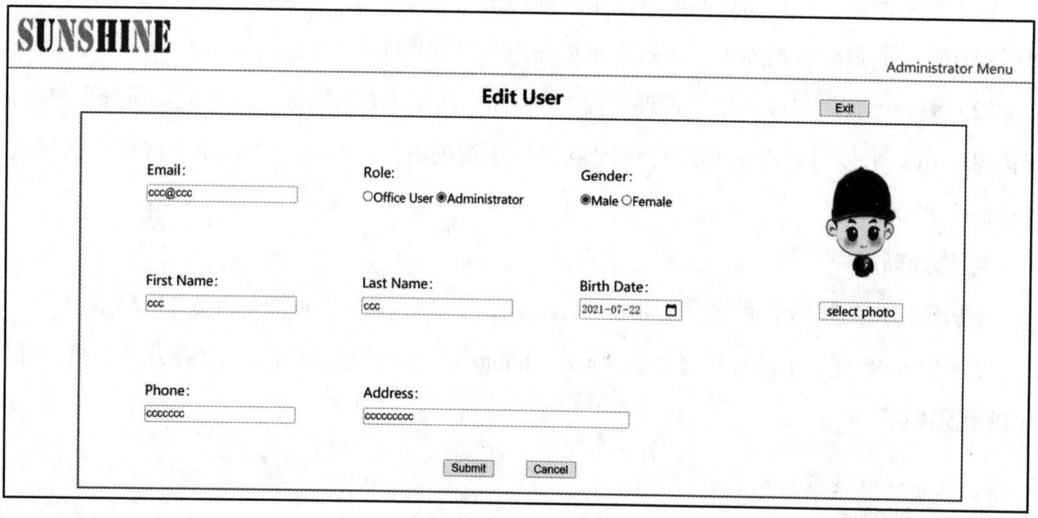

图 6-49　选择用户头像

单击"Submit"按钮后，该信息会存储到后台数据库，单击"Exit"按钮可以返回到用户
管理页面，可以看到添加的新用户信息 JS 代码如下：

```
$(document).ready(function(){
var userId=localStorage.getItem("userId");
```

```
// 提交用户信息到后台数据库，用户管理页面可以查询到
$(".submit").click(function(){
    var email=$(".Email").val();
    var roleId=2;
    if($(".RoleUser").prop("checked")){
        roleId=1;
    }
    var gender='F';
    if($(".GenderMale").prop("checked")){
        gender='M';
    }
    var firstName=$(".FirstName").val();
    var lastName=$(".LastName").val();
    var dateOfBirth=$(".DateOfBirth").val();
    var phone=$(".Phone").val();
    var address=$(".Address").val();
    var photo=$(".Photo").attr("src");
    photo=encodeURIComponent(photo);
    var paramStr="email="+email+"&roleId="+
    roleId+"&gender="+gender+"&firstName="+
    firstName+"&lastName="+lastName+
    "&dateOfBirth="+dateOfBirth+"&phone="+phone+
    "&address="+address+"&photo="+photo;
    if(userId>0){
        //修改
        paramStr+="&userId="+userId;
        $.ajax({
            type:"post",
            url:"http://localhost:8080/SunshineAirlines/updateUser",
            data:paramStr,
            success:function(msg){
                var json=JSON.parse(msg);
                if(json.flag=="success"){
                    location.href="./UserManagement.html"
                }else{
                    alert(json.data)
                }
            }
        })
    }else{
        //新增
        $.ajax({
            type:"post",
            url:"http://localhost:8080/SunshineAirlines/addUser",
            data:paramStr,
            success:function(msg){
                var json=JSON.parse(msg);
                if(json.flag=="success"){
```

```
            location.href="./UserManagement.html"
        }else{
            alert(json.data)
        }
    }
 })
   }
 })
})
```

在上述代码中，提交用户信息需要根据 userId 是否为 0 来判断是否是新增，因为如果是编辑已有用户的信息，那么 userId 不是 0，反之新增用户的 userId 为 0。

单击"Submit"按钮后，该信息会存储到后台数据库，存储成功后，页面会跳转到用户管理页面，可以看到添加的新用户信息，如图 6-50 所示。

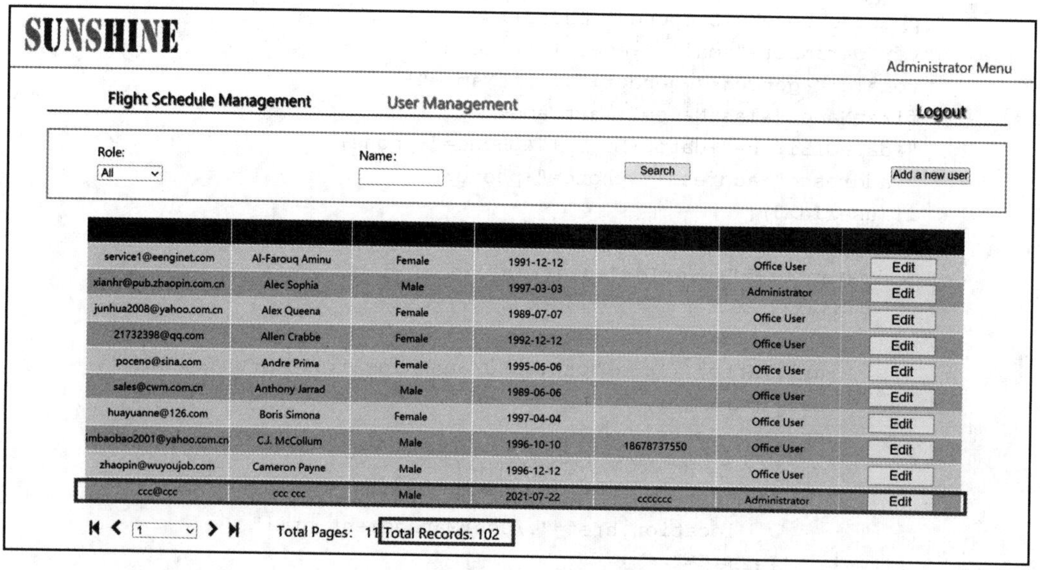

图 6-50　新用户添加成功后页面

2. 编辑已有用户

单击用户管理页面的"Edit"按钮可以编辑已有用户的信息后显示，通过传递用户编号 userId 实现，页面中应显示数据库中存储的所有关于用户的信息，JS 代码如下：

```
$(document).ready(function(){
  //获取传递过来的用户编号
    var userId=localStorage.getItem("userId");
    //编辑已有用户信息
    if(userId>0){
```

```
            $(".headtitle").text("Edit User");
            //查询并显示用户信息
            loadUserInfo(userId);
        }
    })
```

在上述代码中，页面接收从用户管理页面传递过来的 userId，并判断是否大于 0，如果大于 0 则表示存在该用户，那么就要从数据库中查询并显示到页面中，此处使用 ajax 访问后台接口查询已有用户信息，通过调用 loadUserInfo()方法实现，JS 代码如下：

```
//显示用户的信息
function loadUserInfo(userId){
    $.ajax({
        type:"post",
        url:"http://localhost:8080/SunshineAirlines/getUserInfo",
        data:"userId="+userId,
        success:function(msg){
            var json=JSON.parse(msg);
            $(".Email").val(json.data.Email);
            if(json.data.RoleId==1){
                $(".RoleUser").prop("checked",true);
            }else{
                $(".RoleAdministrator").prop("checked",true);
            }
            if(json.data.Gender=='M'){
                $(".GenderMale").prop("checked",true);
            }else{
                $(".GenderFemale").prop("checked",true);
            }
            $(".FirstName").val(json.data.FirstName);
            $(".LastName").val(json.data.LastName);
            $(".DateOfBirth").val(json.data.DateOfBirth);
            $(".Phone").val(json.data.Phone);
            $(".Address").val(json.data.Address);
            $(".Photo").prop("src",json.data.Photo);
        }
    })
}
```

例如，修改上一节添加进去的新用户的信息，单击"EdIt"后显示页面如图 6-49 所示。现在将该用户的身份从"Administrator"改为"Office User"，如图 6-51 所示。

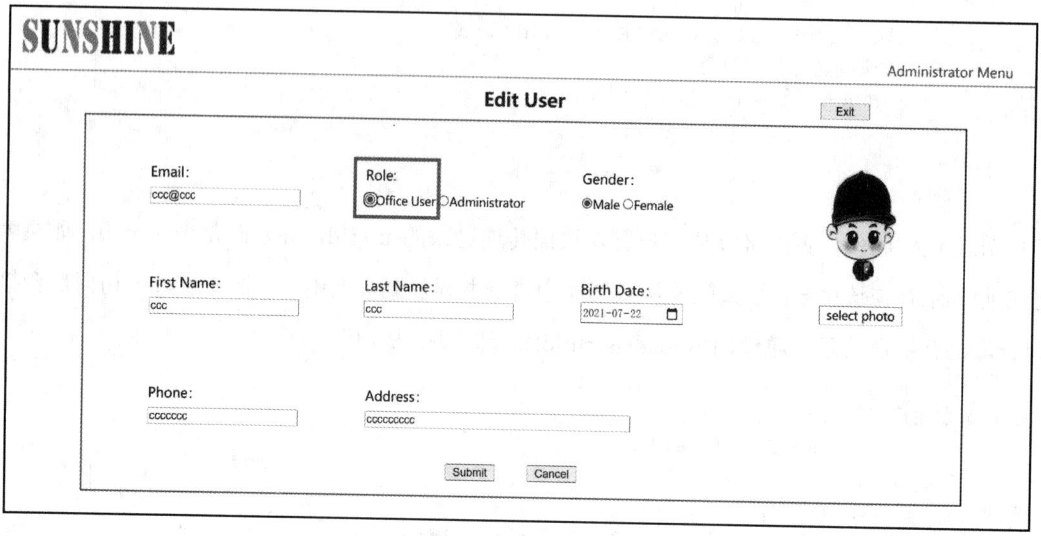

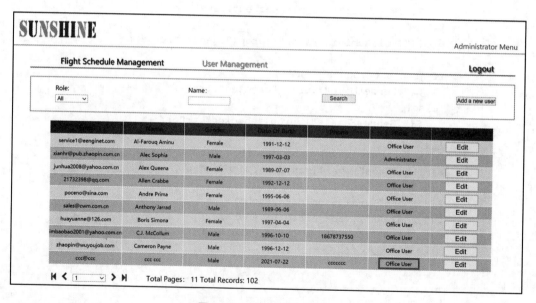

图 6-51 改变用户身份

单击"Submit"按钮后，该信息会存储到后台数据库，存储成功后，页面会跳转到用户管理页面，可以看到修改的用户信息，如图 6-52 所示。

图 6-52 成功修改用户信息

【附件六】

为了方便您的学习，我们将该章节中的相关附件上传到所示的二维码，您可以自行扫码查看。

参考文献

[1] Nicholas C Z. JavaScript 高级程序设计 [M]. 3 版.北京：人民邮电出版社, 2012.

[2] Douglas C. JavaScript 语言精粹[M]. 北京：电子工业出版社, 2009.

[3] 邱俊涛. JavaScript 核心概念及实践[M]. 北京：人民邮电出版社, 2013.

[4] 李淑英,王晓华. JavaScript 程序设计案例教程[M]. 北京：人民邮电出版社,2015.

[5] Jeremy K,Jeffrey S. JavaScript DOM 编程艺术[M]. 北京：人民邮电出版社, 2011.

[6] Martin R. JavaScript Object Programming[M].Apress, Berkeley, CA：2015-01-01.

[7] Zammetti, Frank. Practical JavaScript, DOM Scripting, and Ajax Projects[M]. Apress, 2007.

[8] 桑贝斯. JavaScript DOM 高级程序设计[M]. 北京：人民邮电出版社, 2008.

[9] 司徒正美. JavaScript 框架设计[M]. 北京：人民邮电出版社, 2014.

[10] TomNegrino, DoriSmith, 内格里诺,等. JavaScript 基础教程[J]. 北京:人民邮电出版社, 2007.

[11] Tom N. JavaScript 基础教程 [M]. 7 版. 北京：人民邮电出版社, 2009.